2021

FASHION HAIR MASTER

LEVEL II

이현준

김연혜

신은정

신혜원

패션헤어마스터를 꿈꾸는 이들에게···

이 책은 2008년 국내 최초로 패션헤어가발 분야의 대표단체로서 자리매김하고 있는 사단법인 대한가발협회를 설립, 운영하는 13여 년 동안 제조 공장 및 매장들을 통해 얻은 전문가의 노하우와 연구된 각종 문헌들 그리고 해외 및 국내의 선배님들과 지인들의 전문적인 기술과 기능을 담아 현장에서 꼭 필요한 내용들을 중심으로 함축하여 저술한 비영리성 Beta Version 교재입니다.

미래의 패션헤어마스터가발 전문가를 꿈꾸고 관련 사업을 하기 위해 준비하는 분들을 위해 제작하였으며, 현재 헤어 미용이나 패션헤어가발업에 종사하고 계신 분들에게도 고객과의 접점에서 어려움이 있을 때 다시 한번 상기할 수 있는 보조 교구로 활용되어 패션헤어가발의 이론 및 실기에 대한 재정립이 될 것입니다.

본 교재를 저술할 수 있도록 도와주신 사단법인 대한가발협회의 전국지부장님, 인증교육원장님, 인증강사님, 업체사장님들 그리고 모든 협회 관계자분들께 진심으로 감사드립니다.

—석촌고분 디자인 연구실에서—

대표 **이현준**

(現) 사단법인 대한가발협회 이사장 / 국민대학교 경영대학원 MBA 외래교수
(現) 부천대학교 섬유패션비즈니스과 겸임교수 (前) 원광보건대학교 미용피부화장품과 외래교수
(現) 대한두피모발전문가협회 이사장 / 씨제이씨협동조합 이사장
(現) 가발(모발)과학 연구소 책임연구원 / 서울시 소상공인협동조합 협업단 단장
(現) 서울지역소상공인 정책자문위원 / 소상공인 협업아카데미 컨설턴트

주요 저서

인조섬유응용제품 (패션헤어) 대학교재 / 패션헤어마스터 레벨II / 실전 두피모발관리학 대학교재

공동 저자

김영혜

(現) 사단법인 대한가발협회 대구, 경북지부장 / 대구가톨릭대학교 산학협력교수

(現) 사단법인 대한가발협회 편집위원장 (前) 대구가톨릭대학교 겸임교수

(現) 한국가체연구소 소장 / 무궁미가 대표 / 이학박사

신은정

(現) 국민대학교 전문심화 지도교수 / 사단법인 대한가발협회 인증강사

(前) 태양미용직업전문학교 헤어전임 / 2th BETA 전국기능 경기대회 심사위원 / 에리카 헤어아트원장
이용기능장 / 퍼스털뷰티컬러 1급 인증강사 / 동국대학교 박사과정

신혜원

(現) 사단법인 대한가발협회 강사위원장 / 사단법인 대한가발협회 대전충청지부장

(現) 그랜드가발 진여성헤어대표 (前) 청주여자교도소 창업반강의 / 월드미스유니버시티 국제강사

(前) MBC생방송 오늘저녁, KBS생생정보, KBS굿모닝대한민국 다수 출현
서원대학교 대학원 석사 / 머리카락공예(소녀의 수줍음) 출품

1.

역사 및 종류

Fashion-Hair 역사

사용목적	햇볕 보호 · 날씨	▶	종교 · 권위	▶	탈모 · 멋내기
재료변화	밀랍 · 종려 잎	▶	동물의 털 · 털실 · 철사	▶	합성섬유 · 인모

한국

전통 머리 가체

· 머리 모양은 일반 부녀자들에게 있어서는 선망의 대상, 왕비는 자신의 지위를 과시

· 화려하고 아름다운 대상이 됨

· 종교, 권위→ 멋내기용

· 현대 가발의 뿌리

· 신라의 대표적 대당 수출품

현대1960년대~현재

· 산업화: 1950년대 후반기쯤 미국에 근원을 두고 있음

· 한국: 1963년부터 국내 최초 제조업체 서울통상㈜ 기업화 시작

· 인모Human Hair로 가발의 제조

· 엿장수나 고물 장수들로부터 수거된 달비 머리가 주원료

세계

고대 이집트

· 세계 최초: BC 30세기경
· 머리털, 양모羊毛나 종려棕櫚 잎의 섬유, 야자수 잎, 밀랍
· 햇볕 보호→ 종교, 권위→ 멋내기용

고대 이탈리아·로마

· 17세기 후반: 유럽으로 보급
· 변장, 대머리용
· 로마 멸망 후 1,000년 사용 불황
· 16세기 르네상스 시대 미용 목적, 탈모용 활성화

프랑스·영국

· 제작자 궁전 내 고용
· 18세기 로코코 시대 대유행
· 법관, 성직자 등 귀족 상징물

현대1900~2000년대

· 여성 해방의 표현 상징 단발형 - 보브스타일 유행
· 1940년대 초 할리우드 영화산업의 흥행으로 인해 패션헤어가발 역시 유행
· 현대사회에서 생활필수품으로 자리 잡음

Fashion-Hair 종류

제조 방법에 따른 종류

Hand Made 손으로 직접 헤어를 심는 手製式- 수제식

Machine Made 특수 패션헤어가발 제작 재봉틀로 만드는 방식

Hand Made + Machine Made 半 手製式- 반 수제식

인조모 패션헤어가발	수제식 Hand Made	남성 고객- 50% 이상 사용	
	기계식 Machine Made	여성 고객- 30% 이상 사용	
인모 패션헤어가발	수제식 Hand Made	남 · 여 모두 사용	가마가 나타남
	기계식 Machine Made		가마가 안 나타남

소재에 따른 종류

Human Hair 인모 제품

Synthetic Fiber 인조 합성모

Human Hair + Synthetic Fiber

사이즈에 따른 종류

전체 패션헤어가발 Full Wig

반 패션헤어가발 Half Wig

부분 패션헤어가발 Part Wig

스타일에 따른 종류

짧은 스타일 Short Style 모발 6" 이하

컬 스타일 Curly Style 여름용

웨지 스타일 Wedge Style 뚜렷한 선 線

페이지 보이 스타일 Page Boy Style 모발 끝이 안으로 말림

집시 스타일 Gypsy Style

위글렛 스타일 Wiglet Style 특정 부위 볼륨

기타 스타일

아프로 Afro **스타일**

프리덤 Freedom **스타일**

샤기커트 스타일

코스튬 플레이 Costume Play

용도에 따른 종류

패션용 위그 Wig

탈모용 투페 Toupet: Toupee or men's wig

멋내기용 붙임머리 Extension

벌크 Bulk

위빙 Weaving

블레이드 Braid

의료용 항암 패션헤어

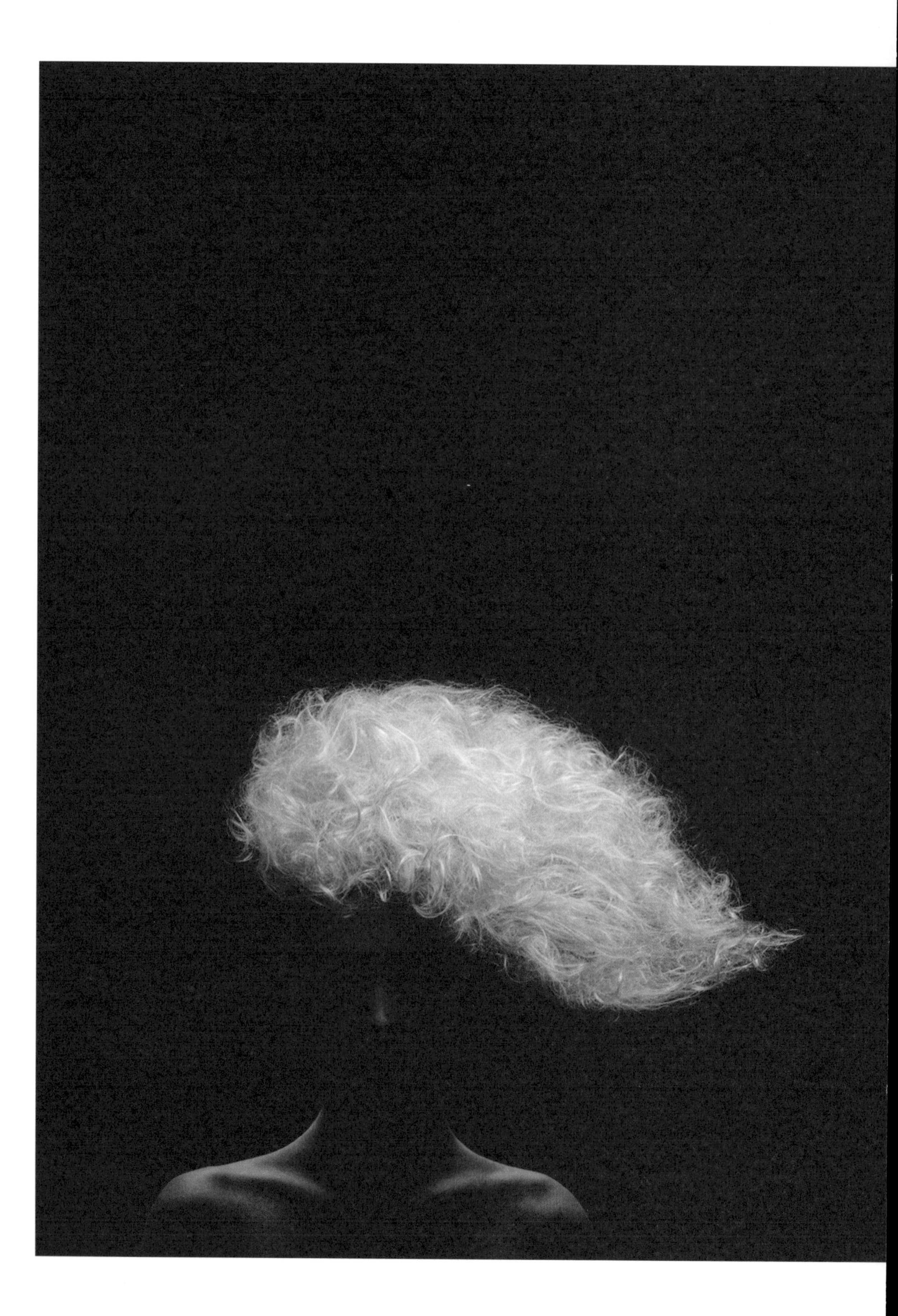

2.

시장과 비전

Fashion-Hair 시장 규모 및 비전

시장 규모

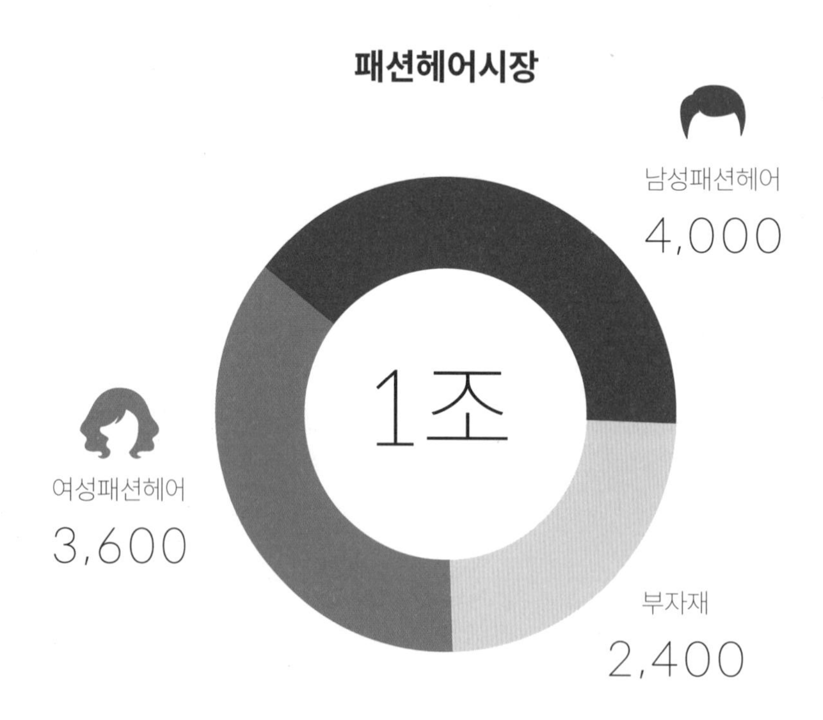

단위, 억원

국제시장

아프리카

운명적 필수품

매년 5% 이상의 경제 성장

인구 많음

미국

소매업체 11,000개 소매점 중 6,500여 곳 한인 동포 소유

도매업체 580여 개 OEM 포함, 한인 동포 소유 95%

생산업체 700여 개 중국 및 미국인 소유 포함

Fashion-Hair 시장 규모 및 비전

성장 요인

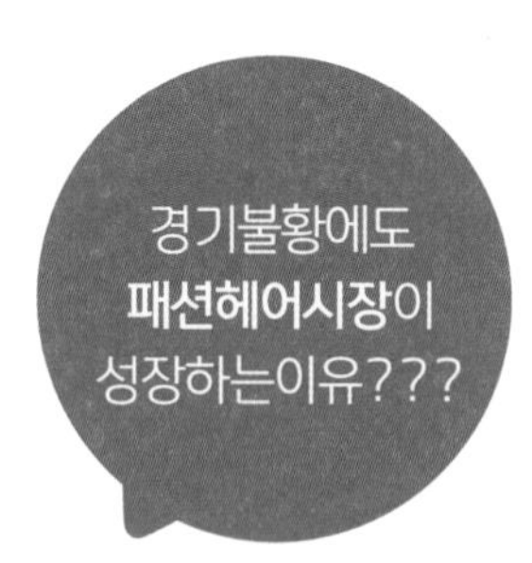

1. 남·여 탈모 인구의 급증
2. **국내·외 브랜드의 공격적 마케팅 효과**
3. 알뜰족의 새로운 패션 아이템으로의 선호
4. **패션헤어의 빠른 스타일 변화의 장점**
5. **유명 연예인들의 패션헤어산업 진출- 스타 마케팅**
6. 소재 등의 기술 발달로 인한 자연스러움 연출 가능
7. **평균수명 연장으로 인한 중·장년층의 패션헤어 착용 증가**
8. **코스프레, 파티, 연회장 등의 행사에 이벤트 용품으로 각광**
9. 탈모관리시장의 대안으로 저비용, 고효율의 장점
10. **10~20대 젊은층의 패션과 스타일에 대한 개성 표출 욕구 증가**

시장 구조

국내 Fashion-Hair 업체

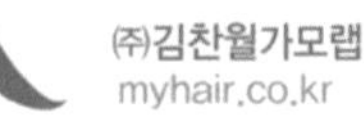

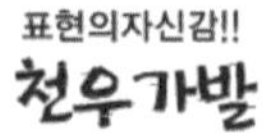

패션헤어마스터 진로

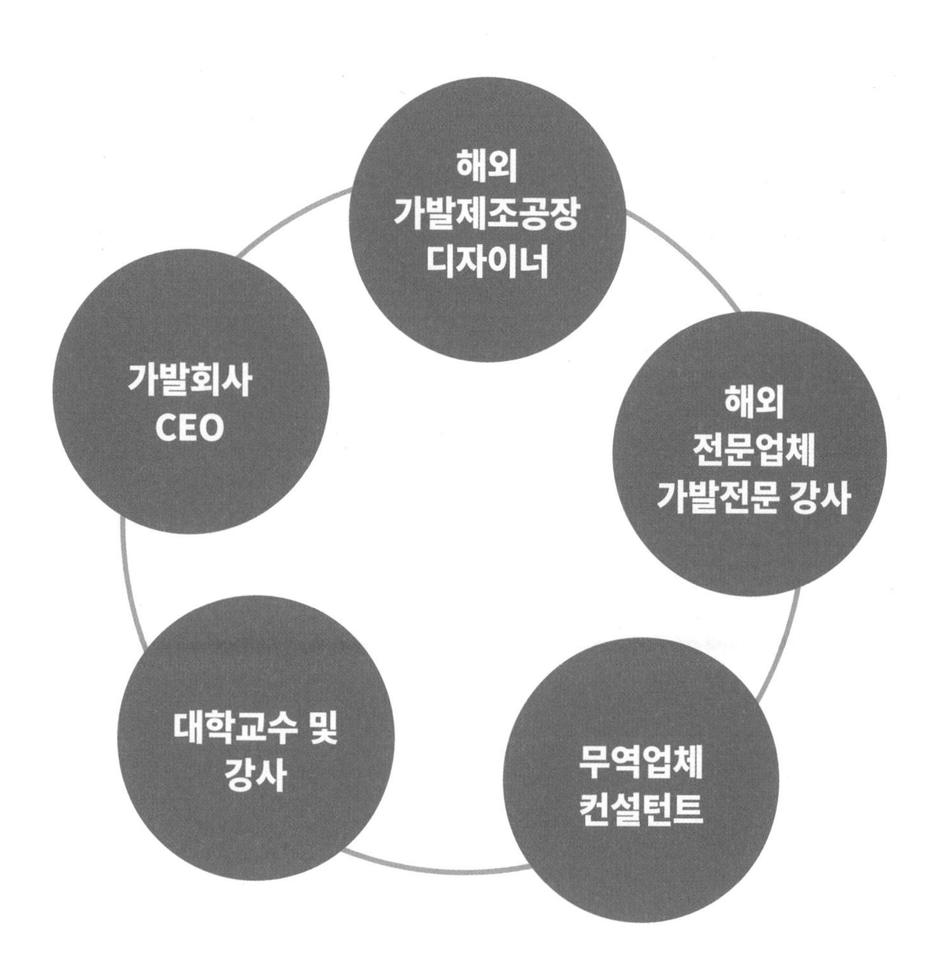

3.

원사

Fashion-Hair 원사

패션헤어 가발용 인모 원사 Human Hair 특성

인모의 굵기Denier에 따른 특성

국가별 인모	굵기Denier	비고
중국인모Chinese Hair	**55~60** de	가장 굵은 모발
한국/일본인모Korean&Japanese Hair	**50~55** de	구하기 어려움
인도인모Indian Hair	**45~50** de	유럽, 미국에서 가장 선호
유럽인모European Hair	**25~45** de	구하기 어려움

장점	단점
· 감촉이 부드럽다.	· 엉킴을 풀어주지 않으면 끊어진다.
· 열에 강하다.	· 인조모에 비해 수명이 짧다.
· 빛을 흡수해 본머리와 가장 흡사하다.	· 습기나 땀에 볼륨이 쉽게 풀린다.
· 헤어스타일의 연출이 자연스럽다.	· 가격이 비싸다.
· 머릿결의 변형이 적다.	· 긴 머리의 모장을 구하기 어렵다.

인모의 가공 상태Processed에 따른 분류

Unprocessed Human Hair

Processed Human Hair

레미모- 큐티클 한쪽 방향

패션헤어가발용 인조모 원사 Synthetic Fiber 특성

패션헤어가발용 인조섬유의 구비 조건

패션헤어가발용 원사의 신장률과 수축률

종류	신장률	수축률
인모	낮다	낮다
모드아크릴 계열	낮다	낮다
PVC 계열	높다	높다

사용 원사의 구성

장점	단점
· 원재료가 저렴하고 수급이 원활해 가격이 저렴	· 빛 흡수를 못해 햇볕에 반짝거리고 윤기가 많다.
· 쉽게 탈색되지 않고 컬러가 오래간다.	· 열, 마찰에 비교적 약해 쉽게 엉키고 풀기 힘들다.
· 볼륨감 유지가 수월하다.	· 시간이 지나면 스프링처럼 말림 현상이 일어난다.
· 모장의 길이 조절이 자유롭다.	· 정전기 현상이 심하다.
· 수명이 인모보다 길다.	· 인모에 비해 다소 거친 느낌이 있다.

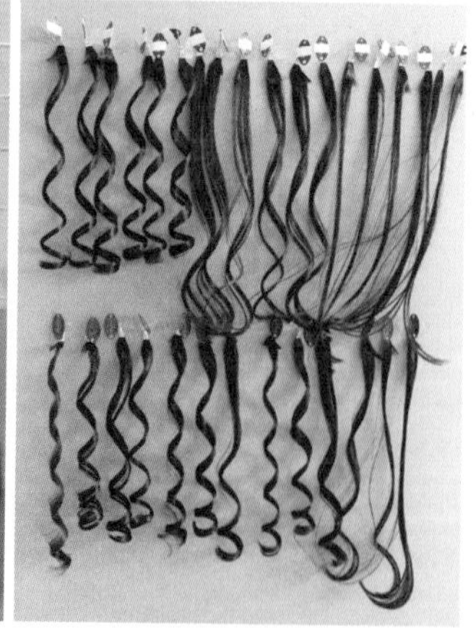

패션헤어가발용 인조모 원사Synthetic Fiber의 종류

PVC Polyvinyl Chloride, 폴리염화비닐

모드아크릴 계열의 단점을 보완, 장점으로 갖추고 있음

비중이 모드아크릴보다 무거움

스무스 컬, 스트레이트성 컬 등 중후한 느낌 연출 유리

장점	단점
· 난연성, 내열성 우수고데기 사용 가능	· 비중 1.4로 무겁다.
· 차분한 스타일 가능주로 긴 머리용도	· 햇빛에 반사되어 자연스러운 연출이 없음
· 가격 저렴	· 푸석푸석한 느낌

모드아크릴 Modacryl

염화비닐Vinyl Chloride-VC와 아크릴로니트릴Acrylonitrile-AN의 공중합 수지로 제조

경량성과 난연성을 보유하고 있어 흑인용으로 많이 사용

장점	단점
· 비중 1.28로 가볍다.	· 내열성 낮음고데기 사용 불가
· 낮은 온도 Curling 가능	· Setting이 어렵다.
· 인모와 비슷한 햇빛 광택성 보유	· 인모와 혼합 사용 불가
· 볼륨감이 좋다.	

PP Polypropylene

석유 정제 시 다량 발생하는 부산물인 프로필렌을 중합하여 만듦

물에 뜰 정도로 가볍고 강함

PVC나 모드아크릴보다 ⅓~¼ 가격 우위

현재 난연성이 없음

난연 PET Polyethylene terephthalate

불꽃에 닿았을 경우만 연소, 떨어지면 연소가 지속되지 않고 스스로 소화消火 됨

방염防炎, 방화放火, 방연防燃 등의 용어 사용

종류: 탄소 섬유, 불소 섬유, 아라미드 섬유, 노보로이드 섬유

디젤유와 같은 기름에 대한 내성이 우수

장점	단점
· 내구성 우수 · Setting성 우수 · 인모와 혼합 사용 가능	· 비중이 무겁다. · 정전기 多 발생

단백질 패션헤어가발 원사

우피의 콜라겐을 이용하여 제조

제조 과정의 어려움과 고가

장점	단점
· 인모와 가장 유사 · Setting성 우수 · 인모와 혼합 사용 가능	· 고가 · 다량 폐수 발생

나일론 Nylon

방사, 연신 후, 표면 처리를 통해 최대한 인모와 같은 형태로 제조

수분 흡수 방지제를 첨가

인모와 같은 수분 흡수성과 표면 처리를 통해 인모와 유사한 촉감

장점	단점
· 표면 촉감 우수 · Setting성 우수 · 다양한 색상으로 염색 가능 · 정전기 발생 無 · 인모와 혼합 사용 가능	· 고가 · 자외선 변형 · 습기 흡수성 大

공중합 PET

용융 방사, 연신 후, 표면 처리를 통해 최대한 인모와 같은 형태로 제조

촉감이 인모와 유사

장점	단점
· 내열 수축성 小 · Setting성 우수 · 다양한 염색 구현 가능 · 정전기 발생 無 · 인모와 혼합 사용 가능	· 고가 · 흡수성 大

4.

제작 공정

Fashion-Hair 공정

맞춤식 패션헤어의 판매 및 주문 과정

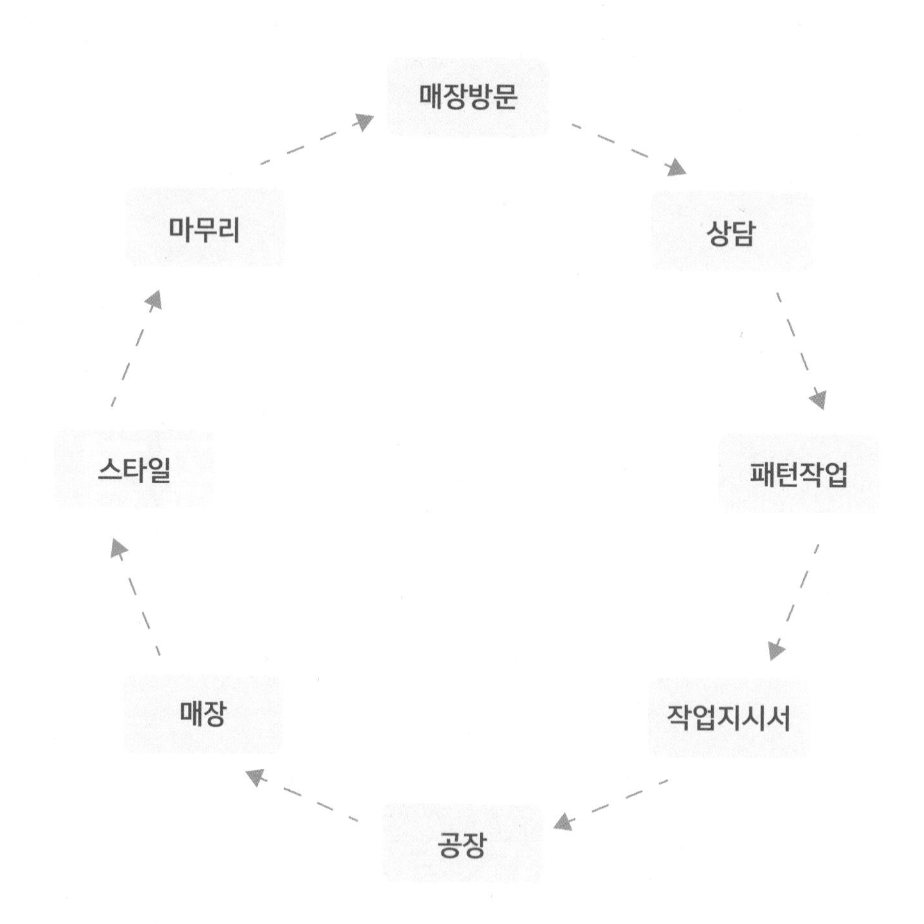

맞춤식 패션헤어의 판매 및 주문 과정

5.

패턴 제작

Fashion-Hair 패턴 그리기

맞춤식 패션헤어 구조

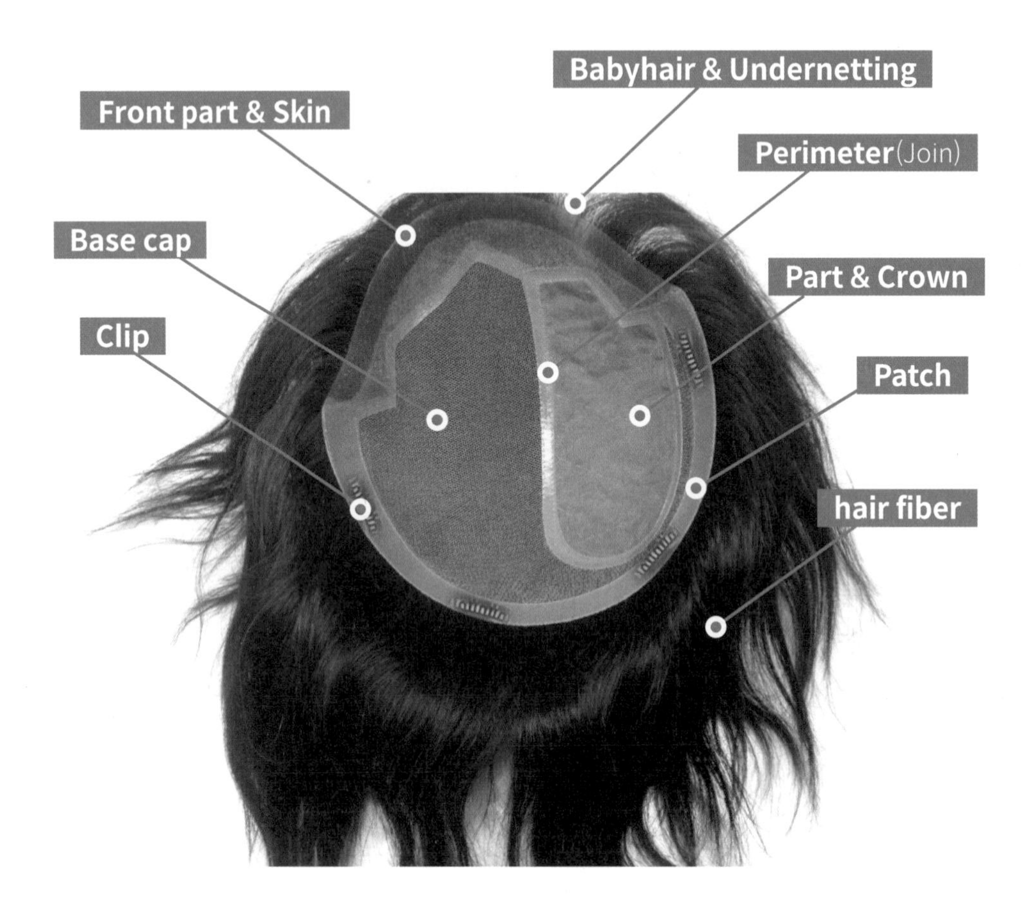

패턴 작업 이론

· 고객의 패션헤어를 제작하기 위해 탈모 부위를 측정과 스케치하고
측정 부위를 각종 도구를 활용하여 본뜨는 작업

· 'Wigs' 또는 'Hair Pieces'의 기본형을 갖추는 바탕으로서,
두피와 같은 역할을 하는 부분으로, 두상에 꼭 맞으면서도 조이지 않는 느낌으로
편안한 착용감을 느낄 수 있어야 함

· 완성된 형을 '몰딩' 또는 '파운데이션' 혹은 '패턴'이라 통칭함

· 현대에서는 **'패턴Pattern'**이란 용어로 통용되고 있으며
제조 공장에서 두상을 만드는 것을 **'몰딩'**으로 구분하여 표현함

· 패턴과 함께 제작 의뢰작업지시서시 고객의 두피 모양, 모발의 색상, 굵기, 컬 정도, 백모 혼합률 등 세부적인 정보가 함께 전달되어야 함

· 작업 시 얼마나 정교하게 측정하고 제작함에 따라 고객의 두상과의 일치성이 정해지고 이렇게 제작된 패션헤어는 고객의 착용 만족도를 결정함

· 측정 중에 고객이 움직여서 안 된다는 것을 상기시키고 협조를 구함

· **테이프식→ 고정식→ 클립식** 순서로 가발의 크기는 탈모 범위에서 건강한 모발 쪽으로 조금씩 크게 형성해 줌

두부 포인트 및 설정

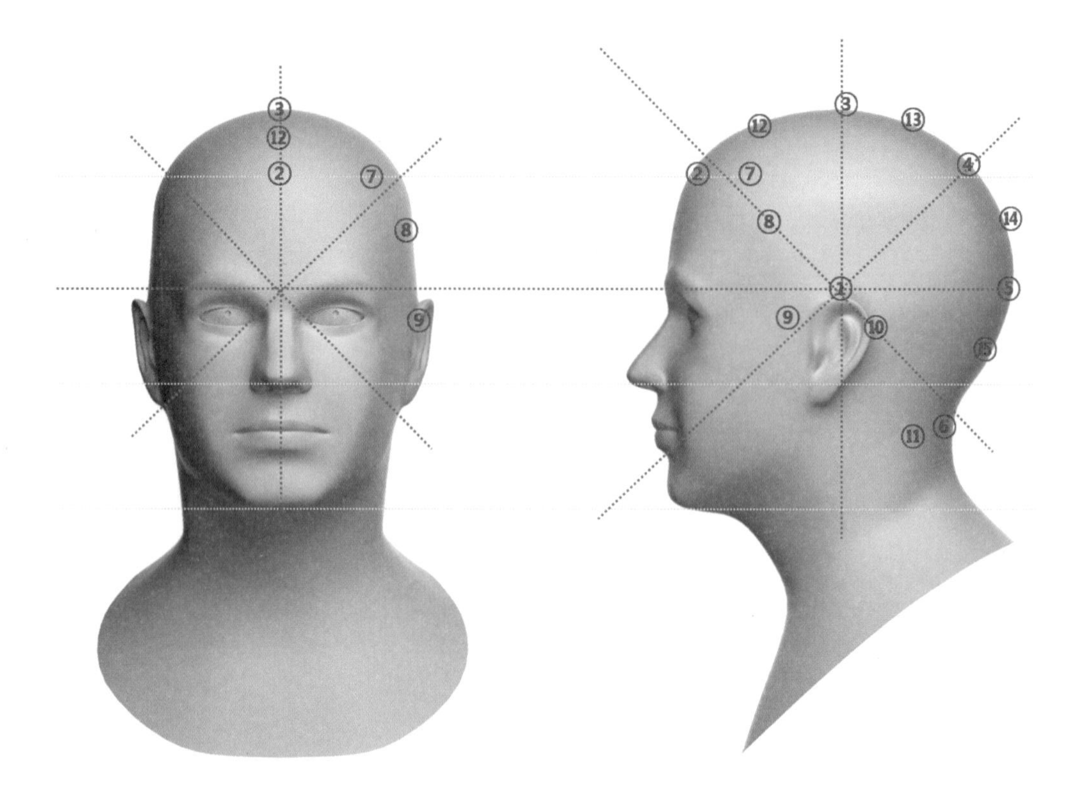

① **E. P** Ear Point

② **C. P** Center Point

③ **T. P** Top Point

④ **G. P** Golden Point

⑤ **B. P** Back Point

⑥ **N .P** Nape Point

⑦ **F. S. P** Front Side Point

⑧ **S. P** Side Point

⑨ **S. C. P** Side Corner Point

⑩ **E. B. P** Ear Back Point

⑪ **N. S. P** Nape Side Point

⑫ **C. T. M. P** Center Top Medium Point

⑬ **T. G. M. P** Top Golden Medium Point

⑭ **G. B. M. P** Golden Back Medium Point

⑮ **B. N. M. P** Back Nape Medium Point

두부의 Brow-line

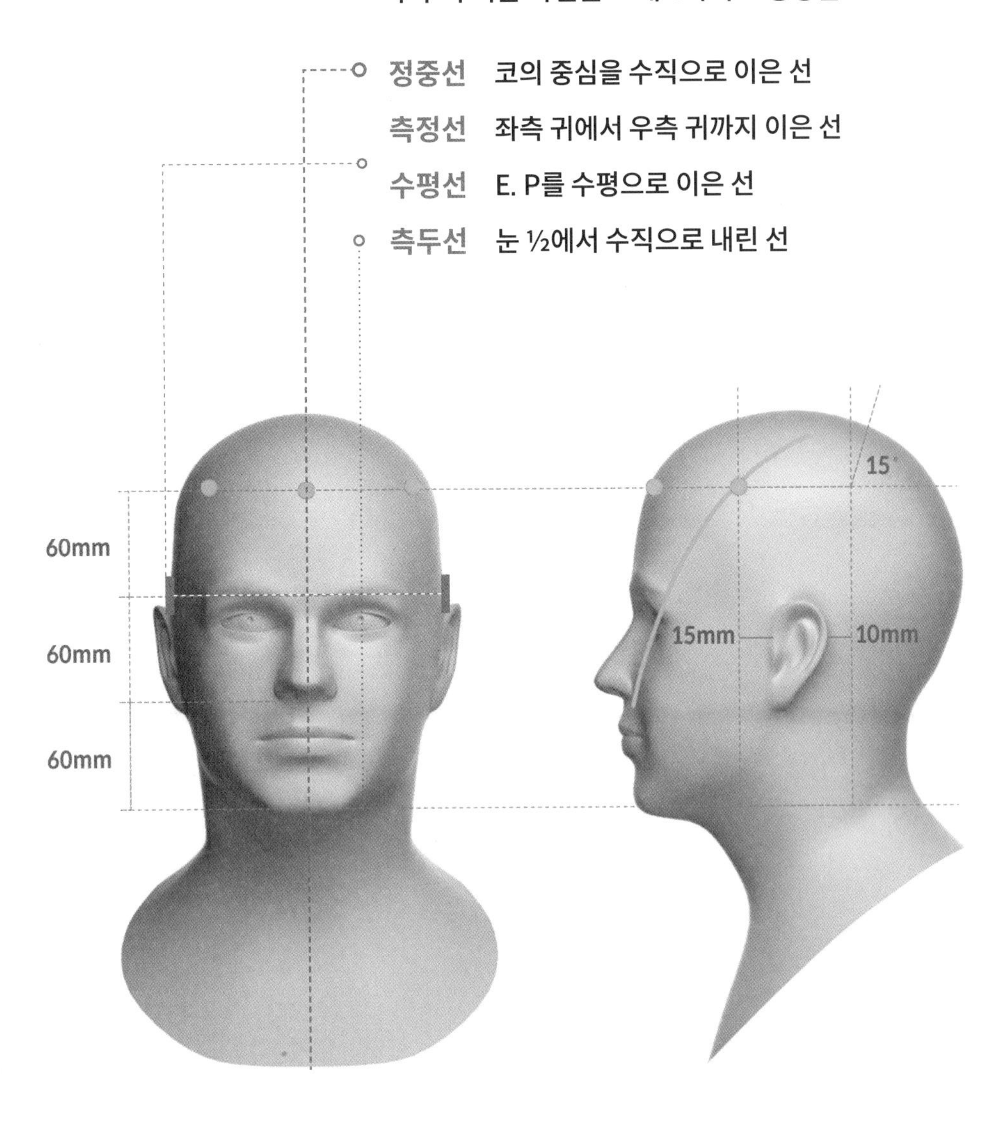

비닐필름 테이프 방식

- **랩 or 비닐**을 이용하여 탈모 부위를 측정하고 투명테이프로 패턴을 제작하는 방법
- 착용자의 두상에 가장 밀접하게 작업해야 하며, 작업 시 가르마 위치, 모양, 헤어 컬러, 패션헤어 착용 범위, 이마 라인 결정을 결정함

장점	단점
· 두상에 밀착력이 좋다. · 두상에 딱 맞게 제작된다. · 작업이 용이하다. 제작비가 저렴하다.	· 빠른 시간 안에 작업해야 한다. · 고객이 민망한 경우가 발생한다.

준비물

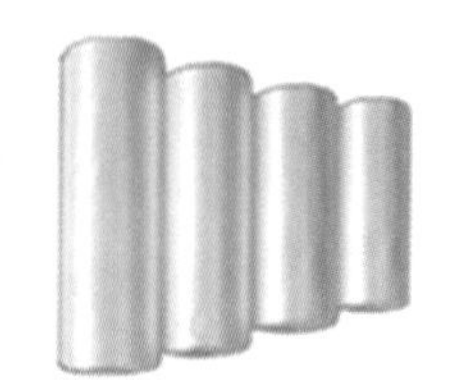

비닐필름
(40cmX90cm 두께0.03mm)

투명테이프
(넓이 1.8cm)

유성, 수성 매직펜
(빨강, 파랑, 검정)

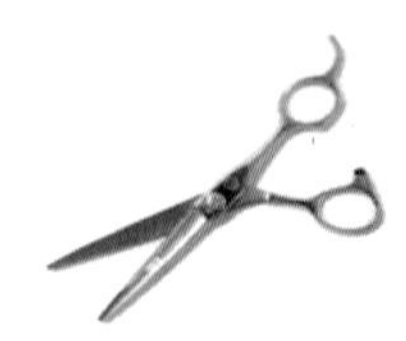

미용가위

일반가위

줄자

앞 점 Front Center Point, 중심점

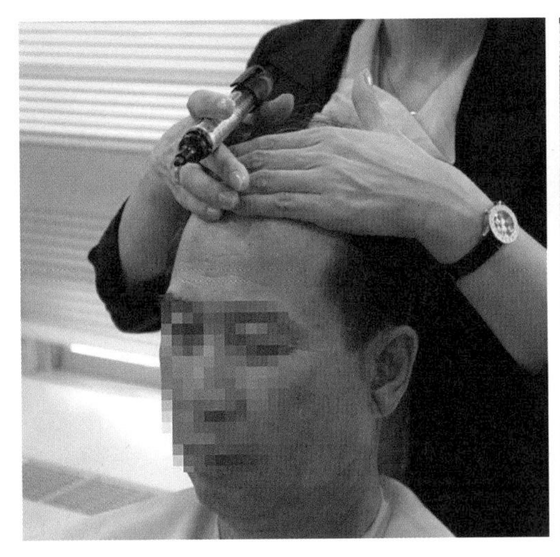

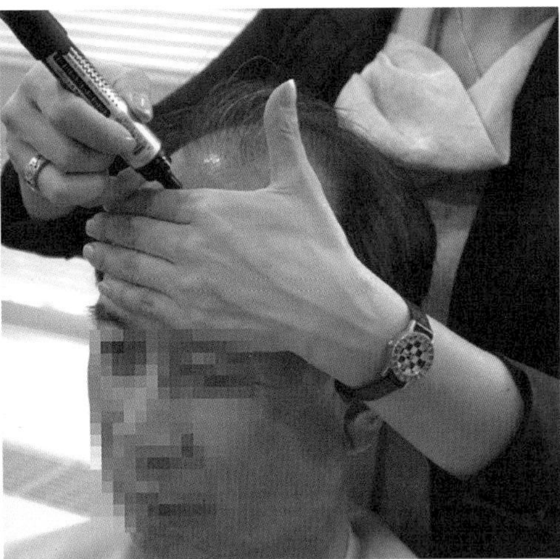

· 고객의 뒤쪽 정중앙에 서서 고객의 탈모 범위를 측정

· 또한, 패턴 작업을 할 때 고객의 머리가 움직이지 않도록 고객의 협조를 구함

· 보통 탈모 고객의 본인 머리가 났던 자리가 이마의 끝 선이며 헤어 라인의 시작

남성 턱 끝에서 눈썹 미간까지의 거리6.5~7cm 손가락 정렬하여 4손가락과 ½

여성 여성들은 헤어 라인에 모발이 살아 있는 경우가 많음

헤어 라인에서 약 1cm가량 라인보다 안쪽으로 들어가서 라인 본을 만들면 스타일이 더 자연스러울 수 있음

20~30대 초반 6~7cm 정도 | 30~40대 중반 7~8cm 정도 | 40대 중반 이상 8~9cm 정도

· 이마 라인을 선정했다면 손으로 라인을 형성하여 고객의 눈에 어색하지 않은지 확인하고 고객의 눈에 너무 부담스러운 위치에 선정되었다면 반드시 조정함

· 포인트 설정은 모든 사람에게 정확하게 일치하는 것은 아니며 평균적인 상황임

옆 점Side Point

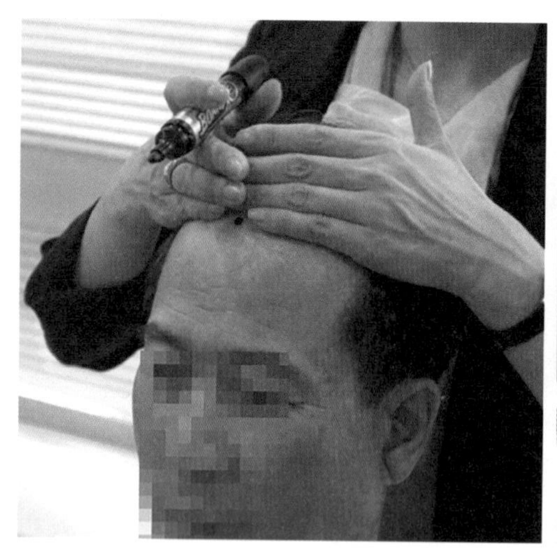
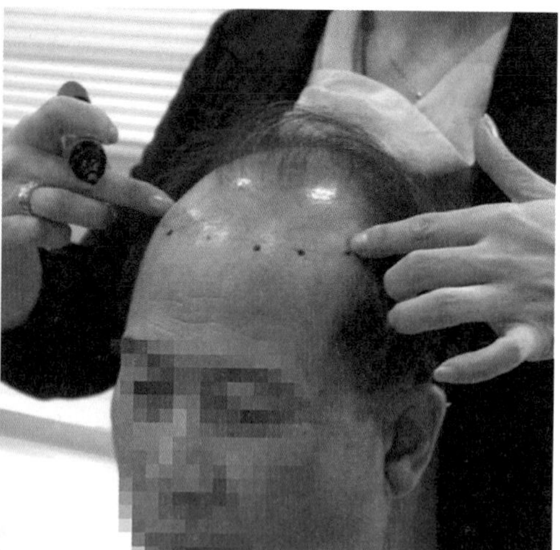

· 고객의 두발 선 중앙Front Center Point을 체크 후 이마의 양쪽 각이 이루어지는Front Side Point 부분을 체크

· 귀 앞 1.5㎝ 정도에서 올라간 선과 콧방울에서 눈썹의 가장 높은 지점을 지나는 선이 교차하는 지점을 F.S.P로 잡음

남성 13~15㎝
여성 11~13㎝ 정도의 넓이가 많이 쓰이며 신중히 결정함

끝점과 옆 끝점Back Point, Side Back Point

· 앞 점중심점을 뒤쪽으로 곧장 연결하여 탈모 부위 끝부분에서 약 1.5㎝ 정도 더 밑으로 끝점을 정리하며 옆 끝점을 중심으로 탈모 부위를 살펴서 옆 끝점을 정하되 관자놀이옆 점 밑부분에 머리의 숱이 많으면 옆 점에서 옆 점의 연결선에 경사가 급하게, 머리숱이 적으면 완만하게 잡음

비닐필름 작업포인트 전체 둘레 체크 후

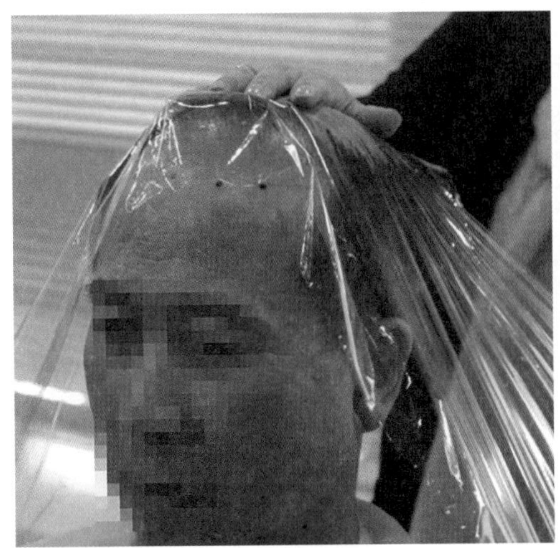
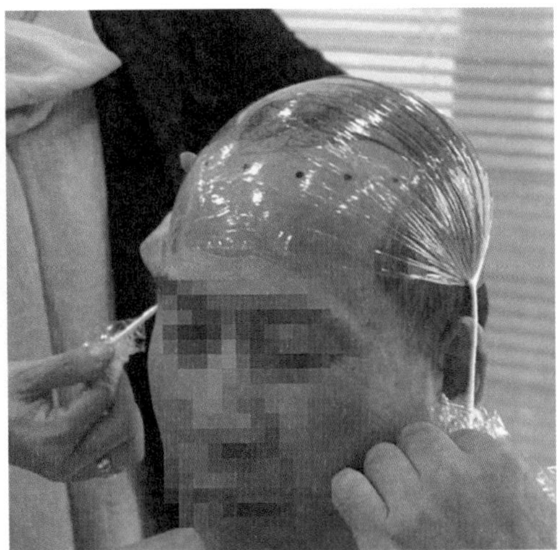

· 고객의 뒤에서 패턴Pattern 뜰 준비된 비닐필름을 머리에 씌우고 가볍게 양손으로 말아 잡게 함 고객의 비닐을 말아 잡은 양팔의 팔꿈치는 몸에 밀착하여야 함

· 좌측과 우측 모두 비닐이 늘어나지 않을 정도로 가볍게 틀어 한쪽 방향으로 말아 잡기를 하여 틈새가 생기지 않게 함

· 고객의 정해진 이마의 양각을 점선으로 표시 후Front Side Point 연결

· 고객의 두상에 맞게 사이드와 후두부 부분의 범위를 결정하고 점으로 둥글게 표시

Brow-line, 탈모 라인, 패치 라인 연결

· 패치의 라인을 결정할 땐 우선 점을 찍어 놓은 형태로 양쪽의 좌우 대칭과 위아래의 대칭을 손가락으로 확인한 뒤 가르마의 위치와 형태, 가마의 위치를 확인해 줌

· 프런트의 스킨이 들어갈 부분과 패치가 될 부분을 구분해 줌

· 테이프식, 고정식, 클립식에 따라 패치의 라인을 결정

· 이마 쪽의 스킨이 들어갈 라인은 너무 인위적이지 않도록 디자인해 주고 패치가 들어갈 부분은 대부분 2~3㎝ 정도의 넓이가 대중적임

· 탈부착형에서 벨크로 또는 클립을 사용할 경우 탈모 범위보다 약 1.5~2㎝ 크게 떠서 건강모에 클립이 위치하게 함

· 클립식의 경우 패치 부분을 생략하고 망만으로 2~3번 접어서 만들면 가벼운 착용감 생김

· 클립식의 경우 패치 라인을 좁게 형성하고 클립이 들어갈 위치도 선정

· 클립의 위치는 좌우 균형이 맞도록 선정하고 크기에 따라 3~5개 각가지 클립이 들어갈 수 있음

· 클립과 클립 사이의 간격이 적당하도록 유지하고 착용자가 불안한 심리를 갖지 않도록 하는 것이 좋음

· 테이프 부착형은 탈모 된 범위만큼 라인을 그림

· 접착제 부착형은 건강모 범위 1㎝가량 남겨 테두리 라인을 그려 줌

가르마 선Part Side 가마, 결속 위치 표시

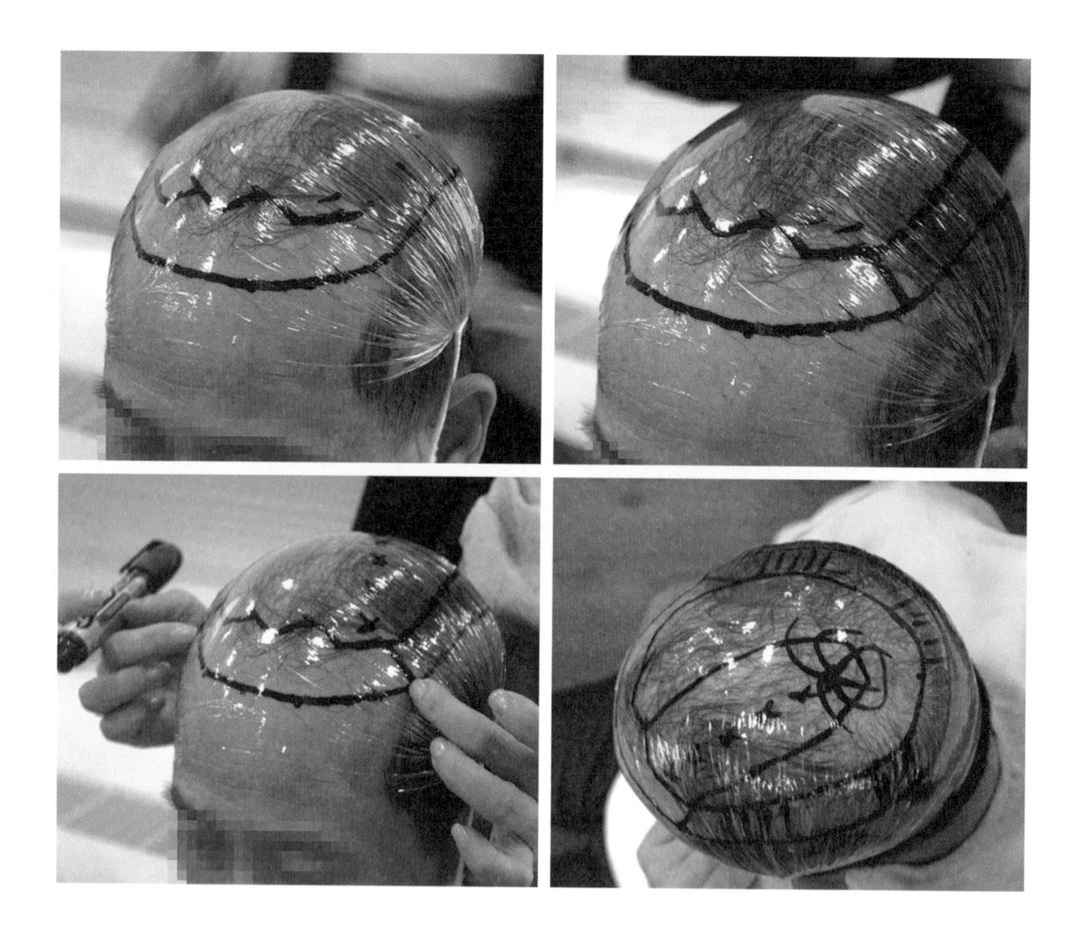

- 가르마의 좌우 위치를 결정해 줌
- 가르마의 끝나는 부분의 끝 쪽에 가마가 형성될 수 있도록 표시해 줌
- 고객의 머리 위에서 방향을 결정하되 귀 1㎝ 정도 뒤쪽에서 올라온 선과 눈썹의 -지점 정도에서 직선으로 올라온 선이 교차하는 지점을 가르마 꼭짓점 정도로 정하게 되며, 이 꼭짓점에서 옆 선Side Point으로 연결하면 가르마가 형성되는데 이때 약간 굴리듯이 그려야 가르마 선이 자연스러우며 Knotting을 할 때 모류의 방향이 서로 들쑥날쑥 엉키는 것을 방지할 수 있음
- 또한, 가르마의 혹은 가르마 선을 중심으로 앞쪽은 좌우 2~3㎝ 정도이며 꼭짓점으로 올수록 약간 넓어져서 4㎝ 이상이 되지 않도록 함

테이핑 작업

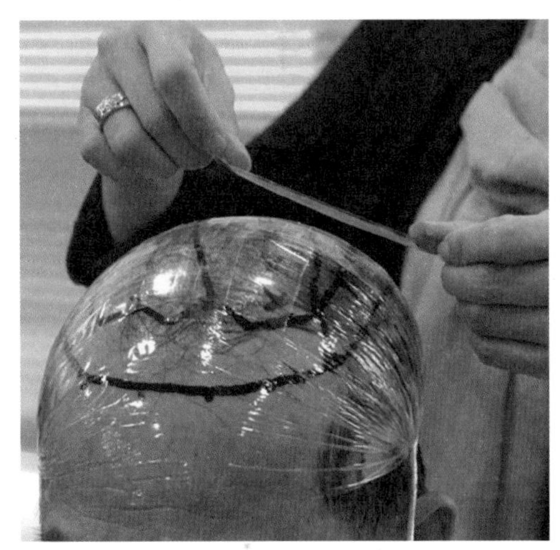
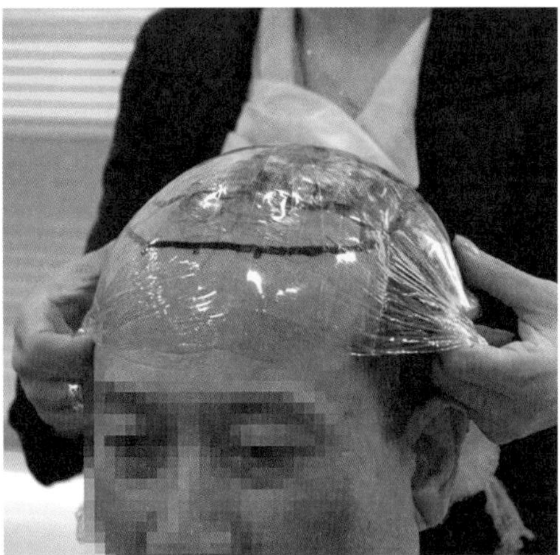

- 가르마와 가마 위치를 표시하고 테이핑 작업을 시작
- 앞이마 라인 부분은 사선으로 겹치게 하여 테이프를 부착하고 좌우측 라인 부분 역시 사선으로 연결함
- 이미 만들어진 선들이 테이핑 하는 사람에 의해 지워지지 않도록 주의하며, 테이핑이 어느 한쪽으로 쏠리지 않고 균등하게 들어갈 수 있도록 얇게 가로, 세로, 좌측 사선, 우측 사선 등의 순서대로 3~5㎜ 겹치면서 테이프를 3번 이상 부착하여 완성 두께가 1~2㎜ 정도의 정교하고 깔끔한 패션헤어 패턴본이 되도록 함
- 패턴이 울거나 공기 주머니가 만들어지지 않도록 하기 위해 테이핑 할 때는 테이프가 늘어지지 않게 두 손에 힘을 가하지 않고 적당한 텐션을 유지하며 가볍고 빠르게 테이프를 두상의 곡선을 따라 부착함
- 단단하게 테이핑 할수록 시간이 흐른 뒤 패턴이 안쪽으로 구겨지거나 변형이 오는 것을 막을 수 있음
- 오른손 중지 손가락으로 테이프를 따라 훑어주듯 공기 주머니가 만들어지지 않게 밀착시켜 주는 것 또한 매우 중요 포인트!

Pattern의 모류 패션헤어의 머릿결

· 사람의 모발에도 카우릭 Cowlick 이 있어 모류의 흐름을 자연스러운 상태로 유지하듯이 패션헤어의 공정 과정 중 모류의 흐름대로 간격을 잘 유지하여 Knotting 하여야만 모량의 조절이 자연스러워지므로 패션헤어마스터들은 고객의 헤어스타일에 관하여 충분히 고심하여 모량과 모류의 흐름을 결정하여야 함

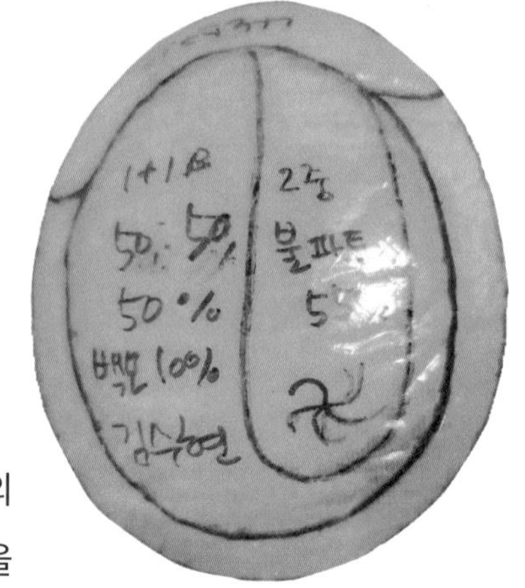

패턴 마무리

· 패턴 위에 고객 이름을 쓰고 줄자를 이용해서 두상의 크기와 탈모 범위를 재어 패턴 위에 기록하고 사진을 앞, 뒤, 양쪽 옆과 위에서 내려찍어 둠

· 고객의 모발을 샘플로 쓰기 위해 표시 나지 않게 뒤쪽에서 채취하여 패턴 위에 부착해 둠

· 컬러차트 모량을 얇게 떠서 같은 양의 고객의 인모Human Hair와 견주어 보면서 디자인 색상을 찾아냄

· 패턴을 벗겨서 패턴 라인 이상의 범위로 패턴 시트지를 오려냄

· 고객의 이마에 체크된 펜 자국을 제거하고 다시 한번 패턴을 고객의 머리 위에 올려 크기와 잘못된 부분은 없는지 확인하고 마무리한 뒤, 차트를 작성하고 고객에게 패션헤어 착용 날짜를 안내함

패턴 그리기 실습

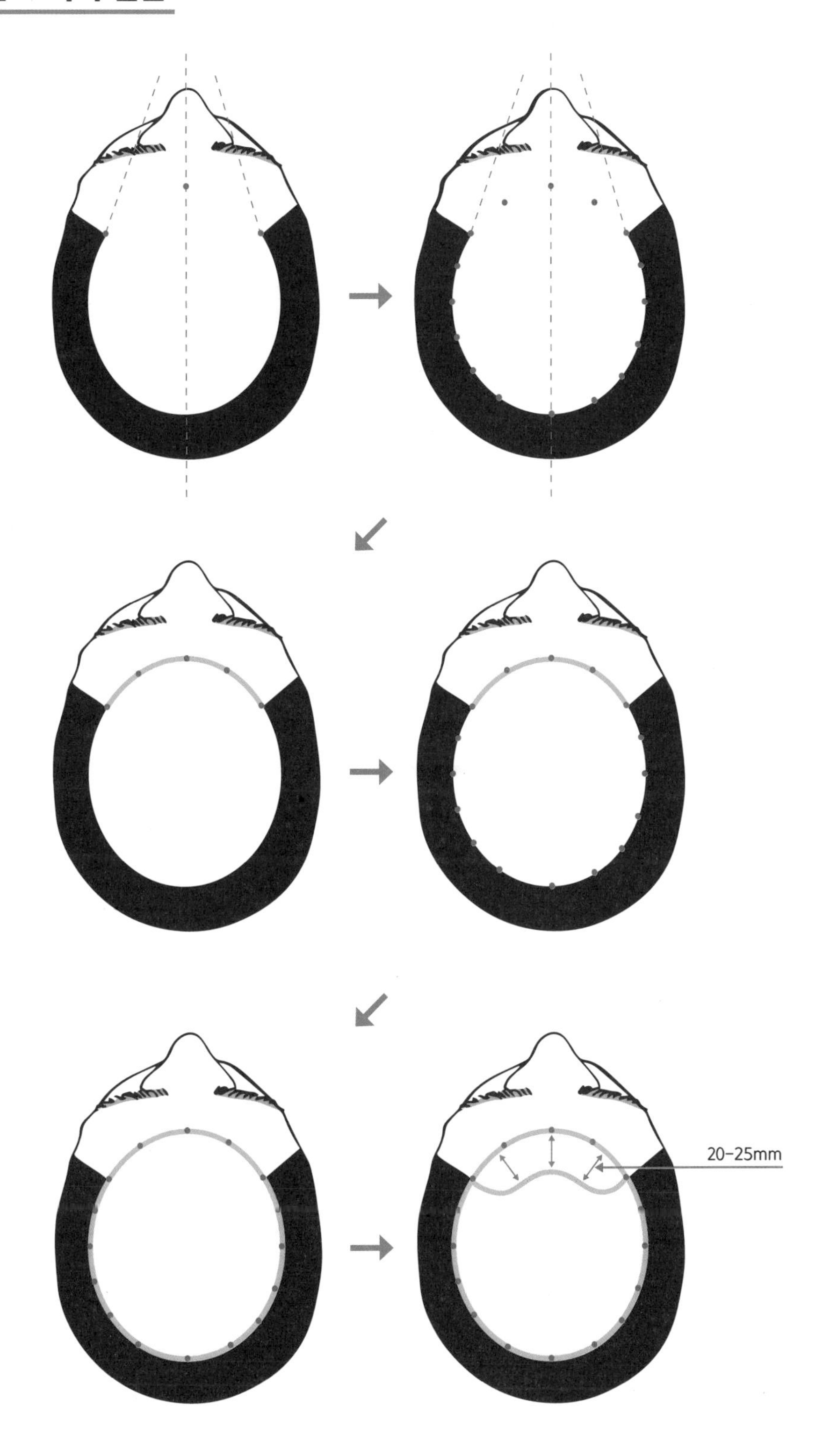

패턴 그리기 실습

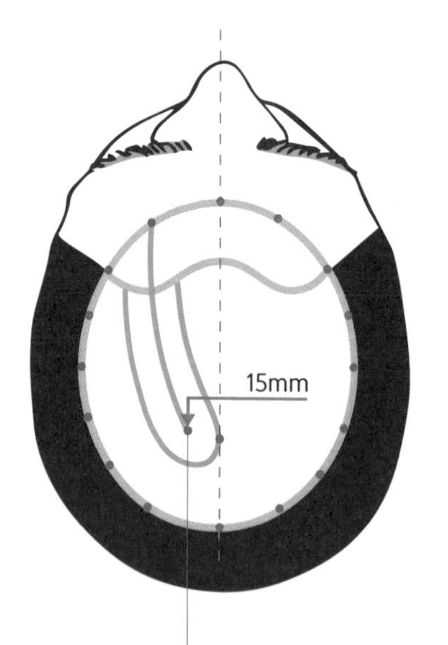

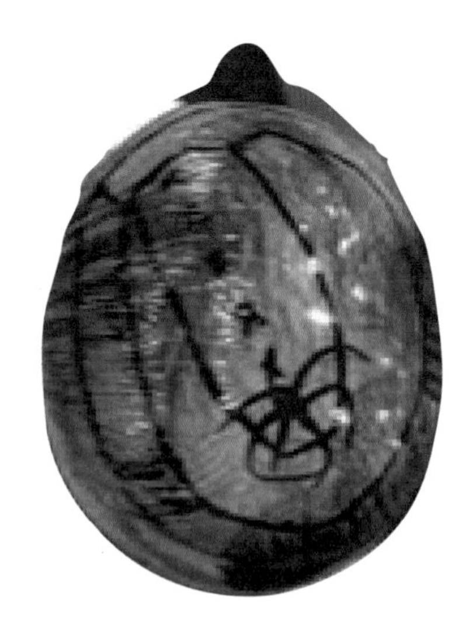

귀 뒤 1cm뒤에서 15도
뒤로 올라와서 정중앙선과
만나는 지점 좌,우 1.5cm 옆

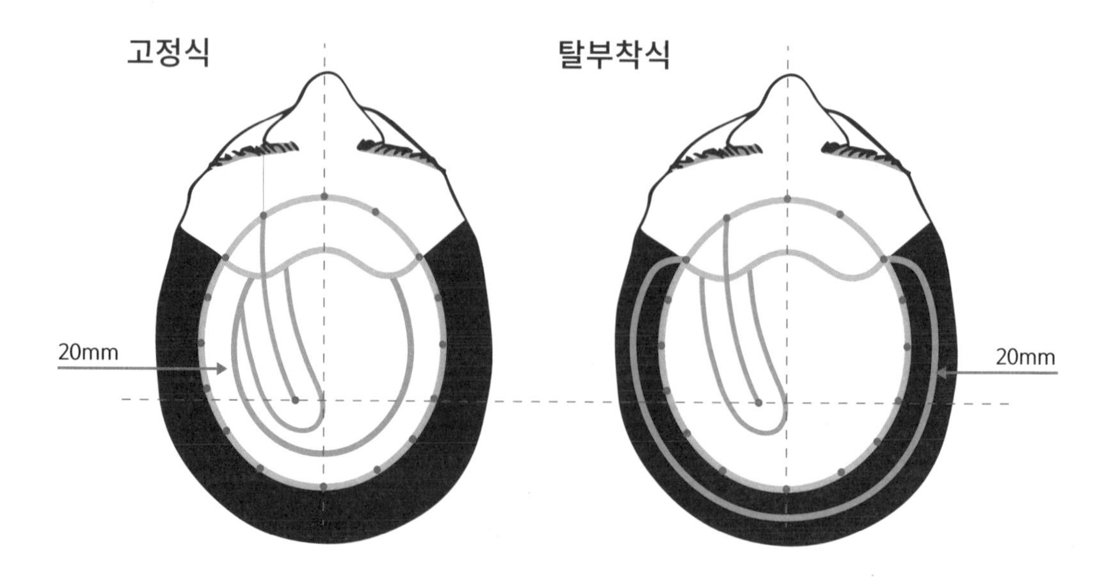

패턴과 패션헤어 내부 구조

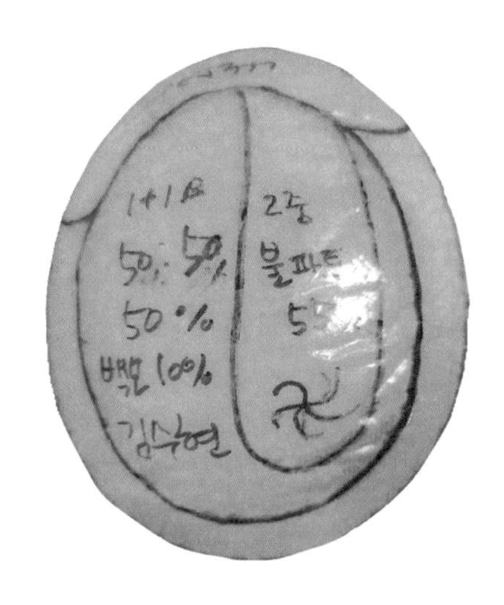

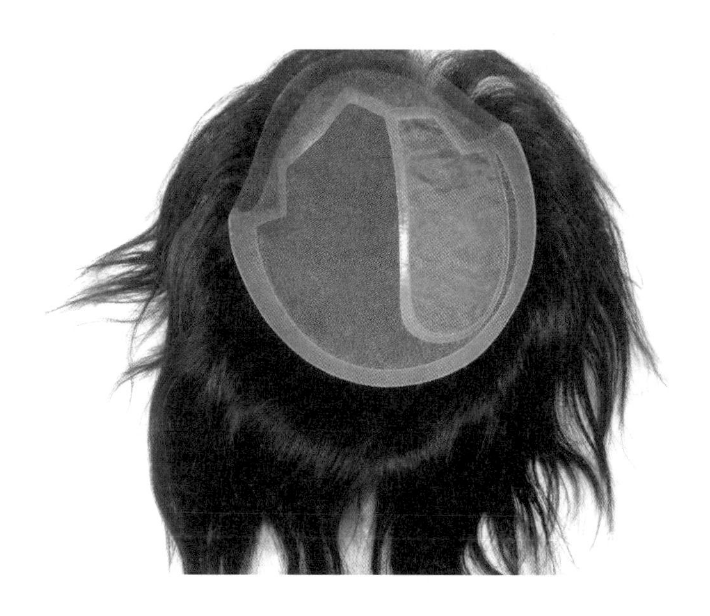

패턴 그리기 실습

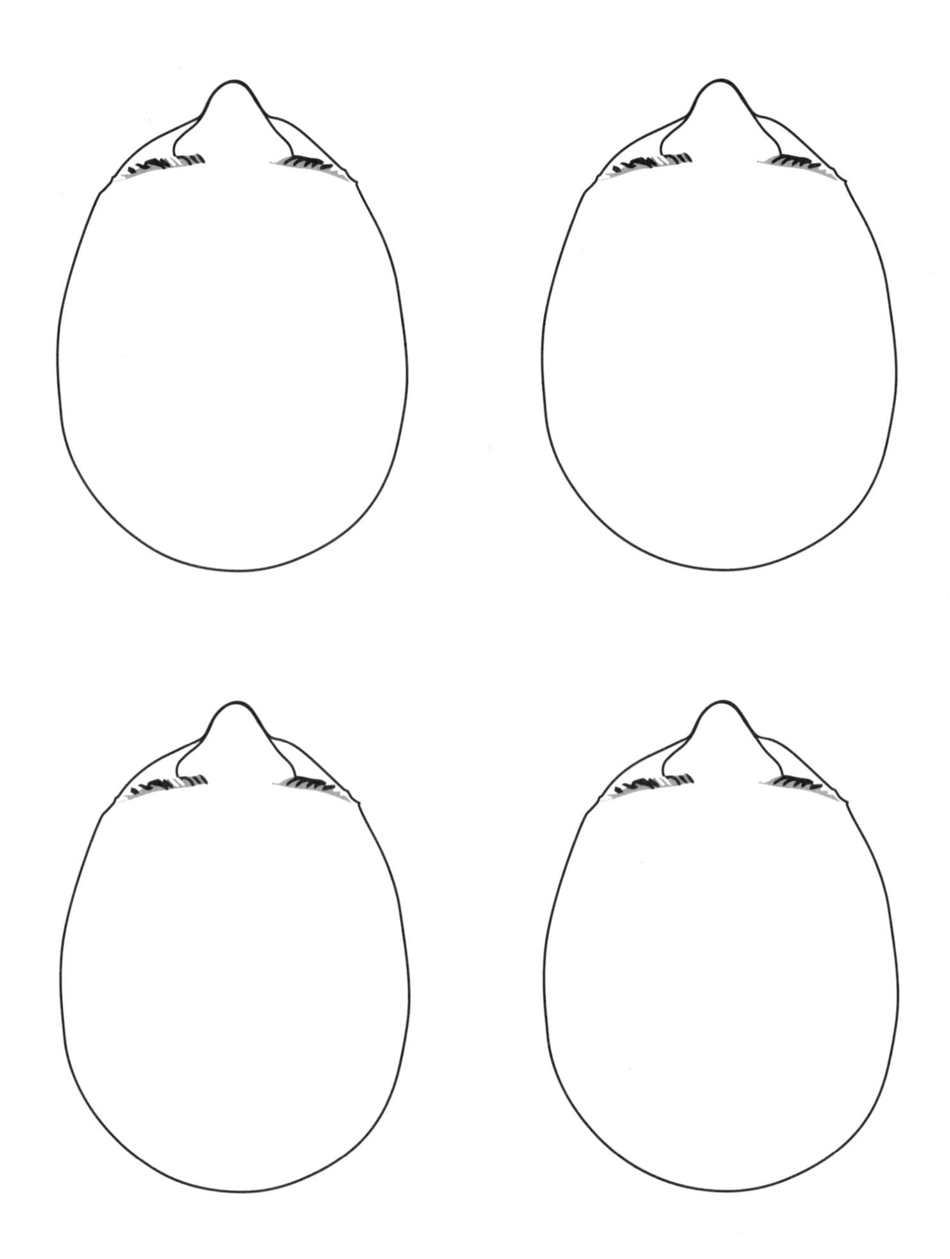

전두용 패션헤어

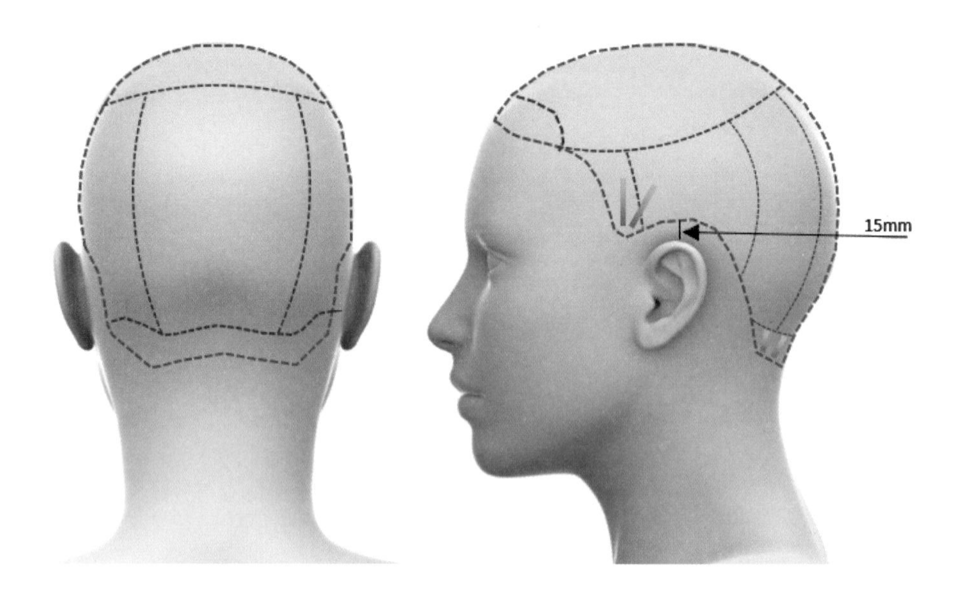

· 풀 패션헤어의 패턴 작업은 경험이 풍부하지 않은 사람일 경우 테이프 이용 시 많은 주의가 필요함

· 특히 패턴의 Top 부분에 비해 사이드와 네이프 부분의 테이프가 약해지는 것을 주의하며 작업해야 함

· F.S.P, S.P와 N.S.P, N.P 등을 체크했다면 각각의 선의 연결에 세심함을 기울이고 이마의 라인을 선정하되 가르마의 유무와 가마의 위치 선정 등은 부분 패션헤어 작업의 경우와 동일함

· 다만 프런트 라인의 경우 부분 패션헤어와는 다르게 전체적으로 스킨이 들어가기 때문에 이마 라인의 부자연스러움을 해결하는 데 최선을 다해야 함

· 여러 이유로 부분 패션헤어가 아닌 전두용 패션헤어를 원하는 고객에게 착용케 하려면 부분용Part 패션헤어 패턴 방법과는 다른 전두용 패션헤어 패턴 제작 방법으로 해야 함

· 비닐필름 시작 부분을 고객의 이마 중간 정도에 준비된 테이프로 붙여 고정하고 머리를 따라 Top 부분을 지나 뒷부분은 N.P쪽에 가도록 펼친 뒤에 양쪽 귀 뒤쪽에다 모아 E.B.P쪽 한 방향으로 말아 고객에게 잡게 함

· 정확한 패턴 본을 제작하기 위해 고객 팔꿈치는 고객 몸에 붙여주고 경추 뼈인 목은 반드시 똑바로 세우고 고개는 숙이지 않은 상태여야 함

· 전두의 본을 뜰 때 고객의 자세를 잘 유도해야 후두부 네이프 라인이 뒤집어 뜨지 않음

· 센터부터 G.P[Golden Point까지 세로 7~8줄, 가로 8~10줄을 연이어서 2~3㎜ 겹쳐 테이핑 함.

· 앞 라인을 먼저 가로로 센터부터 테이핑 하여 우측으로 사선 겹치기 하며 3겹 정도 테이프 부착하고 오른손 중지 손가락은 지문을 이용하여 우는 곳이 없도록 테이프를 따라가며 밀착시킴

· 왼쪽 사이드 부분을 할 때도 두상의 곡선을 따라 타원으로 테이핑 하고 세로와 사선으로 테이프를 따라가며 밀착해 줌

· Ear Point 부분을 테이핑 할 때는 귓바퀴를 한 바퀴 돌아간다는 생각으로 테이프의 부착 방향을 15-씩 틀어 Ear Back Point까지 귓바퀴를 빙 둘러 테이프를 겹쳐가며 부착

· 공기 주머니가 생기지 않고 깨끗하게 부착되도록 잘 문질러주며 Top 부분과 Golden 부분 등 나머지 부분을 테이프로 부착하고 이때 고객의 목은 90-로 똑바로 서 있어야 함

· 좌우 사이드를 똑같은 방법으로 테이핑 함

· 후두부 중앙 부분은 약 6㎝ 넓이를 먼저 세로로 부착하고 후두 사이드 부분과 사선 연결 테이핑 함

· 후두부 중단부 B.P 하단부터는 가로, 세로 사선의 방향으로 부착하여 패턴을 완성

· 고객이 잡고 있던 비닐을 자르고 도안을 하기 전 들뜨는 부분이 없는지 점검

· 미리 체크한 선을 덧그리고 앞이마 라인과 가르마 선을 지정하고 사이드라인을 그려 냄

· E.P 부분은 경우에 따라 안경다리에 걸려 뜨는 경우가 생길 수 있어 약 2㎝ 올려 그려 줌

· 후두부 사이드라인 역시 1㎝ 안으로 그리고 네이프 라인 부분은 B.N.M.P 부분까지 그려 줌

· 라인을 너무 내려 잡을 경우 패션헤어가 뒤집어 뜨는 원인이 될 수 있음

· 두께는 3겹 이상의 정도가 알맞음

패턴 시트 방식

패턴틀

공업용 드라이기

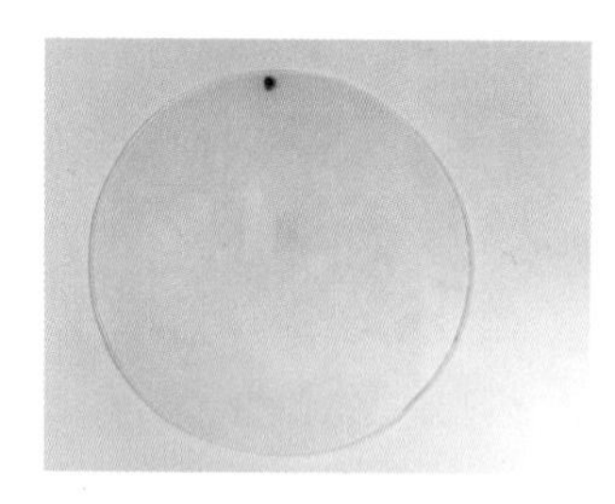

시트지

· 패턴 시트지의 경우 일단 테이핑을 이용하여 패턴 작업을 하는 시간보다 시간적인 면에서 빠름

· 그러나 고가의 도구들이므로 부분 패션헤어보다는 전체 패션헤어의 패턴에 주로 사용되고 있음

· 패턴 시트는 열을 가하면 투명해지는 현상을 나타내며, 시트를 두상에 눌러주면 두상 그대로의 모양이 형성됨

· 두상과 시트가 잘 분리되게 하려면 망을 먼저 씌워주고 패턴 시트를 사용해 두상의 본을 떠야 함

· 패턴 시트는 열을 이용하기 때문에 자칫 실수하면 고객이 화상을 입을 수도 있으므로 많은 주의를 요함

· 한 번 열이 가해진 패턴은 두 번 사용할 수 없기 때문에 한 번에 신속하고 정확하게 해주어야 함

· 고객의 두상에 얇은 패턴 보호용 망을 씌워 인모 Human Hair를 완전히 망 속에 넣어주며 망 속으로 들어간 두부는 울퉁불퉁하지 않고 고르게 두피에 밀착시켜 주면 두상에 가장 근접하게 패턴 시트가 안착됨

· 작업 후 앞뒤를 구분하기 위해 틀에 패턴 시트지를 대고 이마 라인을 표시해 줌

· 히팅 건공업용 드라이을 이용하여 패턴 시트가 투명해질 때까지 고르게 열을 가해 줌

· 고르게 열을 가하지 않으면 두께가 불균형해짐

· 가열하여 패턴 시트가 고르게 투명해졌을 때 열을 살짝 식혀 줌

· 이때 적당한 열은 시술자의 손등에 대고 너무 뜨거운 느낌이 없는 정도면 적당함

· 좌우로 균형을 맞춰 Top 부분부터 시작하여 천천히 아래로 내려 줌

· 좌우의 힘의 균형과 내려가는 속도가 일치하는 것이 가장 중요함

· 부분 패션헤어의 경우 귀 부분까지 전두 패션헤어의 경우 목 부분까지 내려 줌

- 위의 과정이 끝나면 패턴 시트지의 열이 식을 때까지 기다림
- 시간이 너무 오래 걸리면 고객은 뜨거움을 느낄 수 있으므로 드라이의 찬바람을 아래쪽에서 쐬어 주거나 찬 물수건을 올려 주어 열이 빨리 식을 수 있게 함
- 위의 과정이 끝나고 열이 완전히 식으면 패턴 시트가 망가지지 않게 조심히 위로 들어 올려 두상에서 분리함
- 틀에서 시트지를 분리해서 원하는 크기만큼 가위로 자름
- 탈모 범위보다는 조금 크게 잘라주는 것이 좋음
- 자른 패턴 시트를 다시 두상에 올려놓고 패턴 라인을 형성함
- 패션헤어의 모양을 결정하는 패턴 라인을 만들었으면 수성펜이 지워지지 않도록 주위에 테이핑을 한 겹 대어 주어 선이 지워지지 않도록 해주는 것도 좋음

장점	단점
· 고급스럽다. · 손쉽게 작업이 가능하다.	· 열 조절에 주의해야 한다. · 재료비가 비싸다.

석고 패턴 방식

- 두상에 석고를 부어 두상의 형태를 제작하기에 불편하기 때문에 최근에는 잘 사용하지 않는 방식

석고틀

장점	단점
· 타 작업보다 상대적으로 정확도가 높다. · 패턴의 변형이 적어 캡의 정확성이 우수하다.	· 매번 기존 두상과 맞지 않기에 새롭게 누상 작업에 들어가야 한다. · 패턴 보관 시 깨지지 않도록 주의가 필요하다. 작업이 번거롭다.

3D 스캐너 방식 입체 두상 측정기

- **3D 영상 기법**은 MRI를 촬영하듯이 360°를 회전하며 10초 만에 두상의 크기, 탈모 정도, 모발 상태 등을 측정하고 그 후 패션헤어의 크기, 패션헤어 디자인을 측정함
- 측정된 데이터를 공장으로 파일 형태로 보내어 공장에 연결된 컴퓨터CNC 조각기로 바로 몰드를 제작하는 시스템으로 첨단 방식
- 몰딩 작업을 4차 산업 혁명 시대에 맞춰 **3D 스캐너와 3D 프린터 or CNC 밀링기**를 활용하여 제작
- 사단법인 대한가발협회 시스템 완성

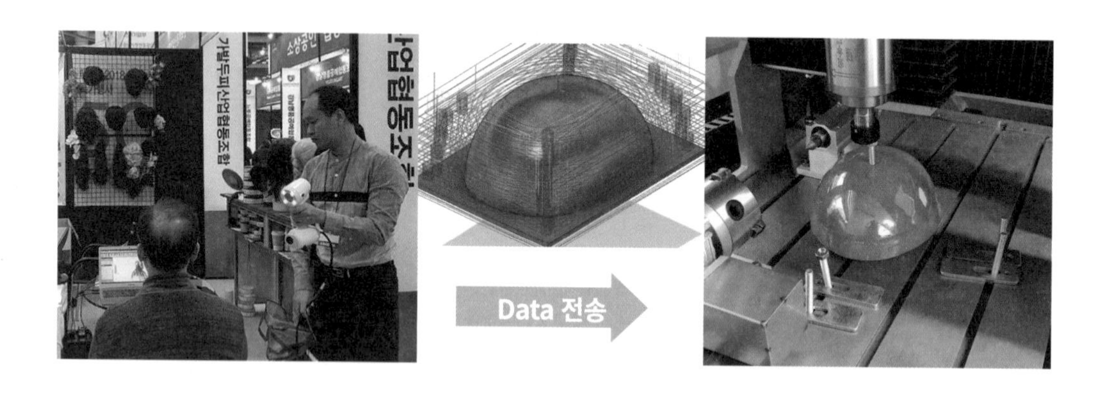

장점	단점
· 가장 정밀하고 고급스럽다. · 빠른 시간 안에 작업할 수 있다. · 패턴을 파일로 보관함으로 변형 없이 영구 보존이 가능하다.	· 영상을 촬영할 때 움직이게 되면 오차 범위가 커진다. · 기계에 대한 숙련된 작동 기술이 필요하다.

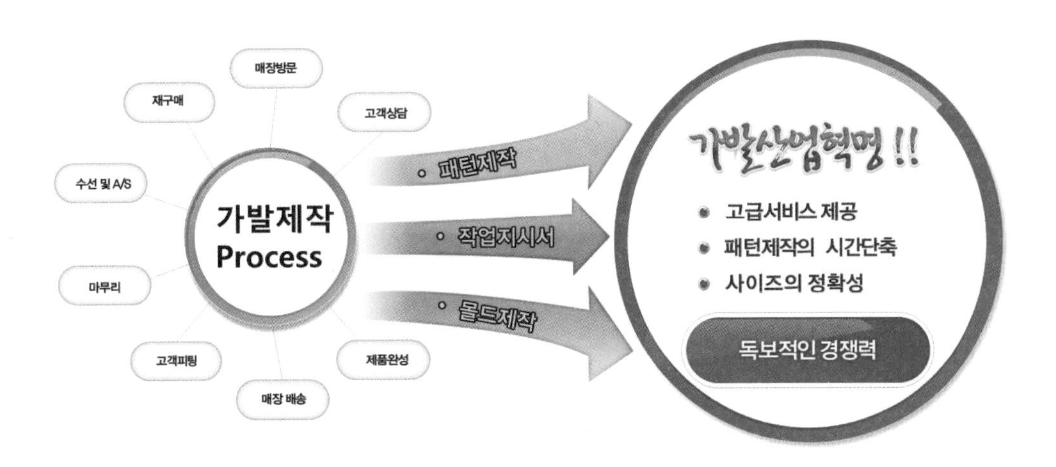
매장방문
고객상담
재구매
수선 및 A/S
가발제작
Process
마무리
고객피팅
매장 배송
제품완성
패턴제작
작업지시서
몰드제작
가발산업혁명!!
고급서비스 제공
패턴제작의 시간단축
사이즈의 정확성
독보적인 경쟁력

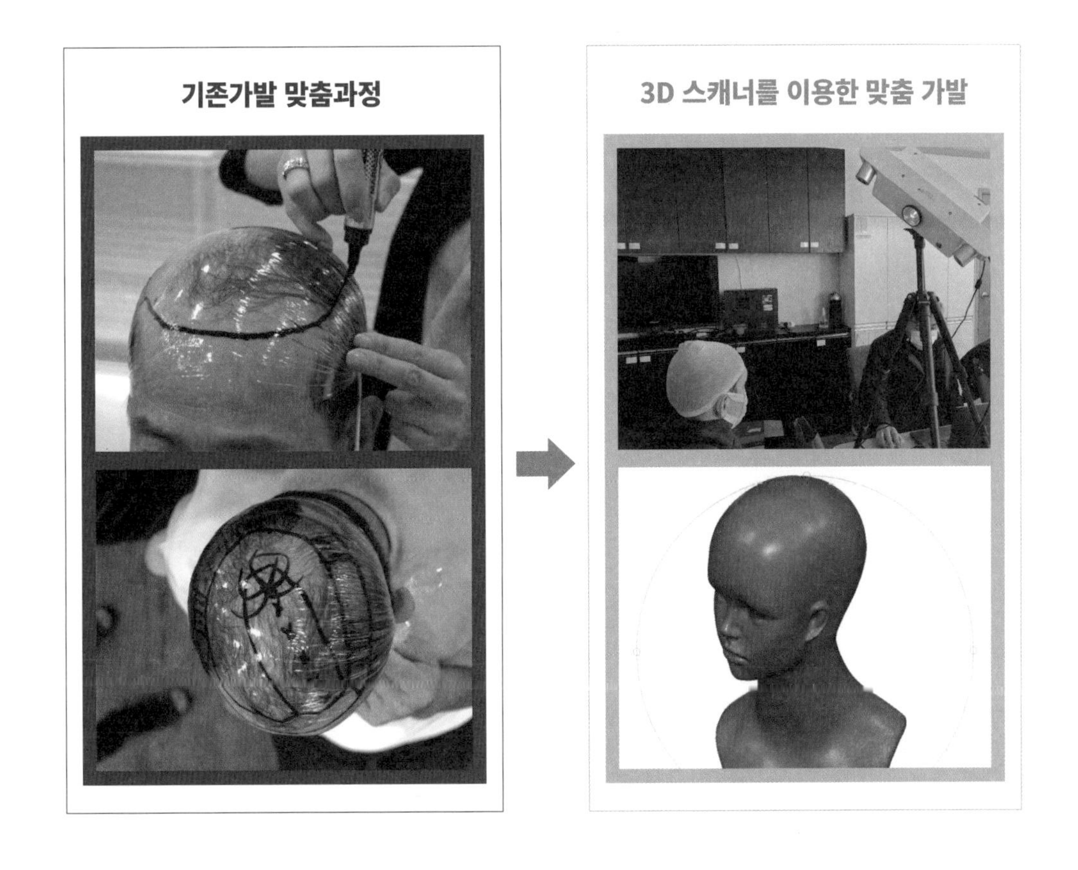
기존가발 맞춤과정
3D 스캐너를 이용한 맞춤 가발

두상 형태에 따른 디자인

· 패션헤어 디자인은 단순히 없는 인모Human Hair를 더해주는 것 이외 패션헤어를 착용함으로써 변화될 이미지까지 생각해야 함

· 먼저 착용자의 정확한 탈모 위치를 파악하고 패션헤어를 착용한 후 본인이 가지고 있는 머리와의 조화를 생각하며 착용 후의 안정감과 착용자의 불편을 최대한 줄일 수 있는 것이 중요

· 디자인에 앞서 가장 먼저 정하는 것이 착용 방식이고 어떤 착용 방식을 결정했는가에 따라 패션헤어의 디자인과 크기가 결정

· 착용 방법의 장단점을 충분히 설명하고 이해해야 패션헤어를 착용하는 사람의 불편을 감소할 수 있음

· 앞이마 라인의 M자 탈모가 진행된 고객에게 고정식을 권했을 경우 불필요한 제모를 감수→고객 불만

· 같은 M자 패션헤어라 할지라도 클립형인지 고정형인지에 따라 스타일에 제한이 따른다는 점을 충분히 이해시켜야 함

· 고객이 원하는 스타일은 무엇인지 평소 즐기는 복장이나 업무의 형태 또한 즐기는 취미생활 등을 꼼꼼히 파악하여 착용 방법을 결정

· 이마 라인을 둥글게 갈 것인지 아니면 자연스러운 형상을 최대한 유지하기 위하여 약간의 M자 스타일을 갈 것인지 U자 라인을 만들어 이마 라인의 인위적임을 어느 정도 줄일 것인지 등을 결정하는 데 있어 가장 중요한 것이 착용자가 어떤 탈모 형태를 가지고 있느냐는 것이기에 착용자의 탈모 범위를 꼼꼼히 파악하도록 함

둥근 라인의 이마 라인

· 이 유형은 모량이 적고 탈모가 어느 정도 진행된 사람들에게서 볼 수 있는 형으로서, 이마 선의 중앙 부분이 심하게 탈모 된 상태임을 감안하여 이마 라인을 설정하여야 함

· 이 기준 라인을 무시하면 패션헤어 착용 시, 가장 어색한 스타일이 연출되어 고객으로부터 불평을 듣기 쉬움

· 클립식처럼 탈모 범위를 제모하지 않고 본인의 머리 위에 덧대어 쓰는 방식엔 대부분 둥근 라인의 이마 형태를 많이 사용됨

· 시술자의 편리함으로 가장 많이 선호하는 방식이나 착용자가 올백스타일을 선호한다면 조금은 어색해 보일 수 있는 단점이 있음

· 그러나 이러한 단점들은 스타일의 변화로 줄여줄 수 있기에 현재 가장 많이 사용되는 방법임

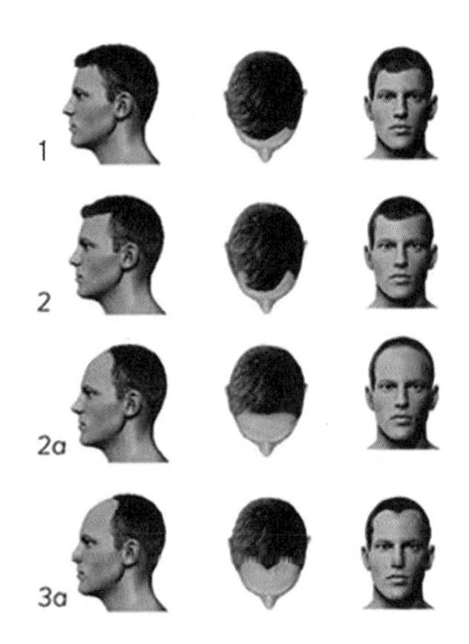

U자 형태의 이마 라인

· 이 유형은 얼굴이 길고 광대뼈가 튀어나온 사람에게서 흔히 볼 수 있는 형

· 이마 라인의 양쪽 사이드 부분이 동시에 탈모가 진행되어 나타나는 형이므로 이마 선 설정 시 신중을 기하여야 하나, M형의 이마 라인을 기준으로 디자인하면 무난함

· 남성 탈모인들의 패션헤어에 가장 흔히 사용하는 방식으로 인위적인 느낌을 최소화 할 수 있으며 탈모 범위와 기존의 머리 라인의 경계를 잘 맞추어 준다면 자연스러운 이마 라인을 형성할 수 있음

· 그러나 기존의 머리 라인과 잘 맞물리지 못하고 조금이라도 작게 제작되면 패션헤어를 착용했음에도 불구하고 M자 탈모가 진행된 것처럼 보일 수 있기 때문에 이 경우의 가장 중요한 작업은 탈모 부위와 기존의 머리가 있는 라인의 경계를 최대한 줄이는 것이 중요함

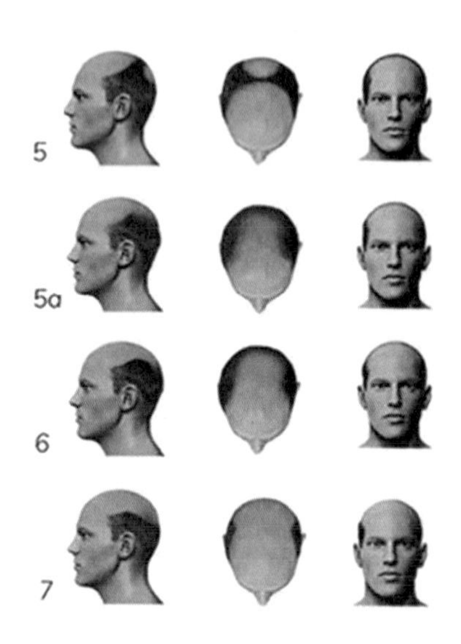

M자 이마 라인

· 이 유형은 탈모가 진행된 대부분 사람들의 경우 약간의 M자 라인을 형성하고 있는 헤어 라인을 생각한다면 가장 적합한 방법이나 오류를 범하기도 가장 쉬움

테이프식 탈모 범위만큼의 제모만이 필요하기에 패션헤어의 크기도 정확하게 탈모 범위만큼의 사이즈를 제작하면 됨

고정식 탈모 범위보다는 살짝 크게 하여 건강한 머리 쪽에서 고정할 수 있도록 유도하는 것이 추후의 탈모를 방지할 수 있음

클립식 탈모 범위를 완전히 벗어난 건강한 모발 쪽으로 클립이 갈 수 있게 패션헤어의 사이즈도 가장 크게 제작되어 짐

테이프식 → 고정식 → 클립식과 같은 방식으로 패션헤어는 탈모 범위보다 커짐

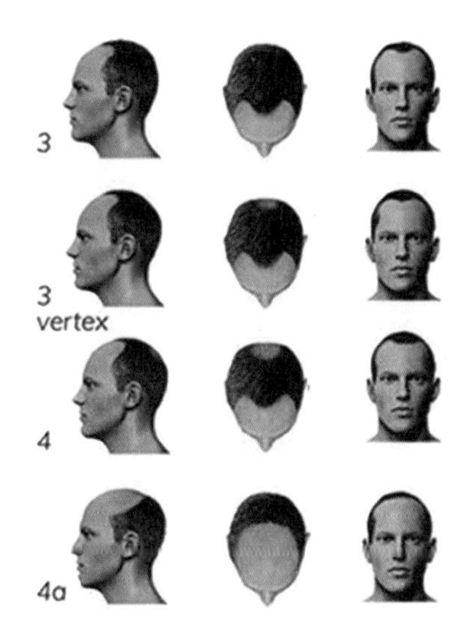

6.

몰드와 캡

Fashion-Hair 몰딩

· 완성된 패턴에 두상의 모양을 만들기 위한 첫 번째 작업인 발포 작업 과정

· 발포 원료를 적정한 비율로 골고루 희석하여 패턴에 부어준다.

· 완전히 굳어지기 전에 패턴과 밀착되도록 양손으로 압력을 가한다.

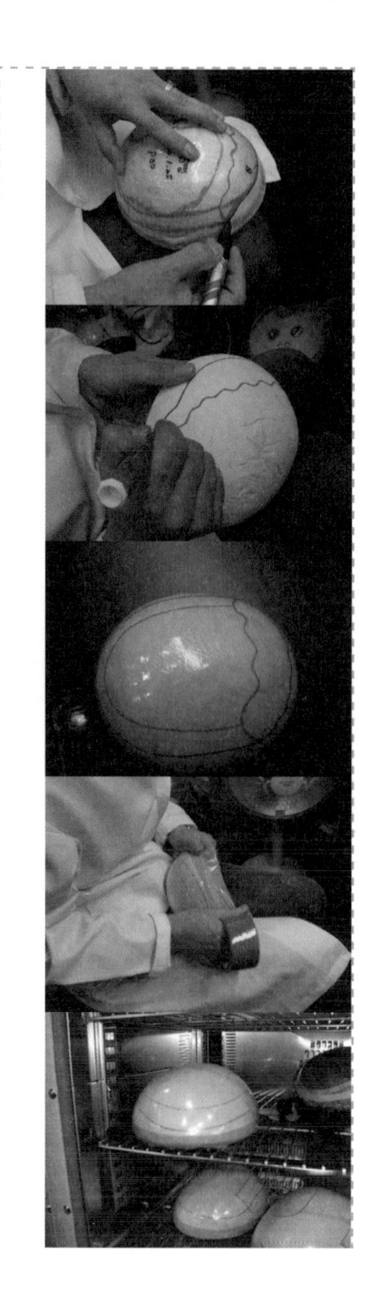

Fashion-Hair 베이스 캡

- 완성된 두상에 스킨 원료 우레탄 or 실리콘 를 골고루 도포하여 건조함
- 패션헤어 부위와 용도에 따라 두께가 달라지도록 횟수를 조절함
- 건조 과정이 필요함

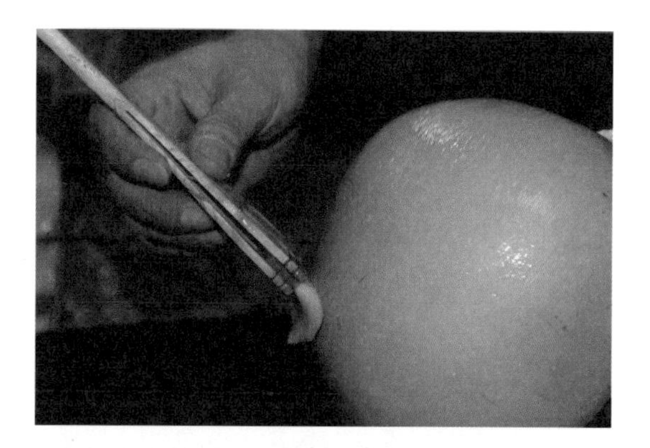

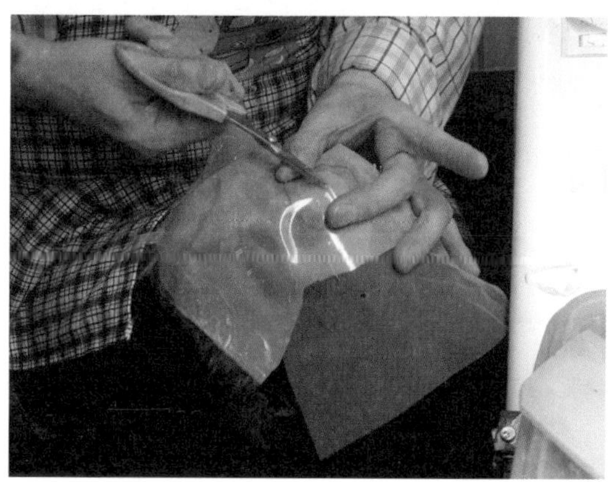

베이스 캡의 망 종류와 특성

종류	망의 특성
ML60망	· 가장 대중적이고 일반적인 망. 매장에서 가장 많이 사용함 · 실이 단단하고 약간 두꺼움 · 스타일이 잘 나오고 감촉, 내구성, 통풍성이 뛰어남 · 모발 량이 적을 경우 갈라지며 망이 비칠 수 있음 · 같은 계열로는 p31망, p30망, KS망
ML망 P31망	· ML60망 보다 얇고 부드러우나 내구성이 상대적으로 떨어짐 · 스타일이 잘 나오고 감촉과 통풍성이 뛰어남 · 모발 량이 적을 경우 갈라지며 망이 비칠 수 있음 · 밀란에서 주로 사용함
KS망	· 수입망스위스망 국산 대체용으로 제작 · 수입망대비 부드럽고 두꺼우나 내구성이 떨어짐 · 수입망 대비 저렴하여 대체재로 사용되며 만족도가 높음
ABB독일망	· ABA스위스망 보다 직조된 간격이 약간 넓음 · 통풍성이 우수하며 형틀을 잘 유지시킴 · 가격은 국산대비 15배, 내구성이 좋아 수명이 길고 고객만족도가 높음 · 모발 량이 적을 경우 갈라지며 망이 비칠 수 있음
ABA스위스망	· 직조된 간격이 ML60망, P31망, KS망과 유사함 · 스타일이 잘 나오며 감촉이 뛰어나 많이 사용됨 · 통풍성이 뛰어나며 수명이 짧음 · 가격은 국산대비 15배, 내구성이 좋아 수명이 길고 고객만족도가 높음 · 전체나 앞이마 부분의 자연스러운 헤어 라인을 위해 사용

KGB망 KBB망	· ML망보다 거칠며 형틀이 잘 유지됨 · 수입망독일망 국산 대체재로 사용 · 수입망보다는 직조된 간격이 넓으며 부드러우나 내구성이 떨어짐 · 수입망 대비 저렴하여 대체재로 사용되며 만족도가 높음
5mm & 5mm BLK	· 직조된 간격이 5mm, 벌집모양 · 많은 올 수로 넛팅하며 통풍성이 뛰어나 여름에 주로 사용 · 피부색을 가지며 여성용 제품에 많이 사용 · 망이 두꺼워 사용이 많지 않음
E2망	· 직조간격이 좁고 단단하며 ML60망과 함께 사용 · 내구성이 높고 형틀을 잘 형성하여 스타일이 잘 나옴
SILK A망 B망 C망	· 매우 얇고 가벼워서 프론트, 샤스킨 제작 시 베이스망으로 사용됨 · 연한 피부색으로 감촉이 뛰어나지만 통풍성이 떨어짐 · 내구성이 약해 수명이 짧고 탈모가 쉬움 · 불파트 제작 시 상단 및 바닥제로 사용 · 부드러운 소재로 스타일 내기가 좋음 · 상황에 따라 E2망과 함께 사용 됨

직조된 간격이 작은 망

간격이 작은 망(실크망,E2a망)일수록 스타일 잡기가 쉬움.
간격이 작아 정교한 1~2 올의 넛팅이 요구됨
올 수가 적기 때문에 탈모가 심함.
넛팅 시 오랜 시간과 숙련이 필요함.

직조된 간격이 큰 망

간격이 큰 망일수록 3~4올의 넛팅으로 짧은 시간에 제작이 가능함.
통풍성이 우수함. (5mm)
간격이 넓어 바닥쪽으로 모발이 빠지기 쉬움

직조 형태

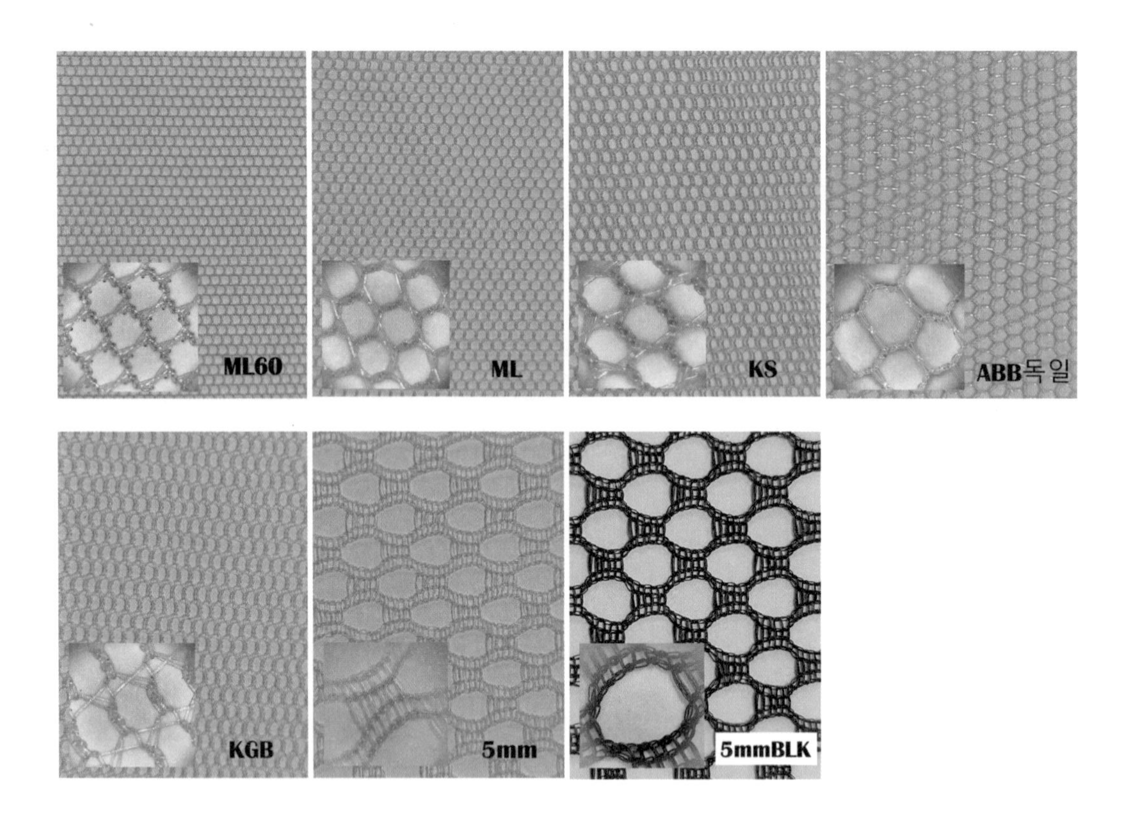

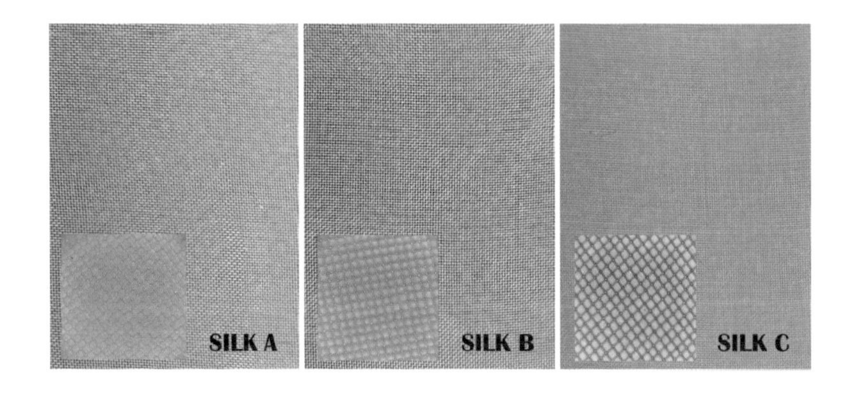

여성용 Wig 베이스 캡

미싱 작업

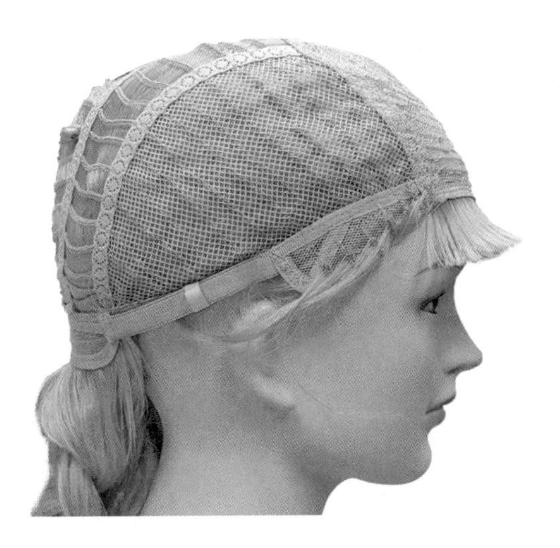

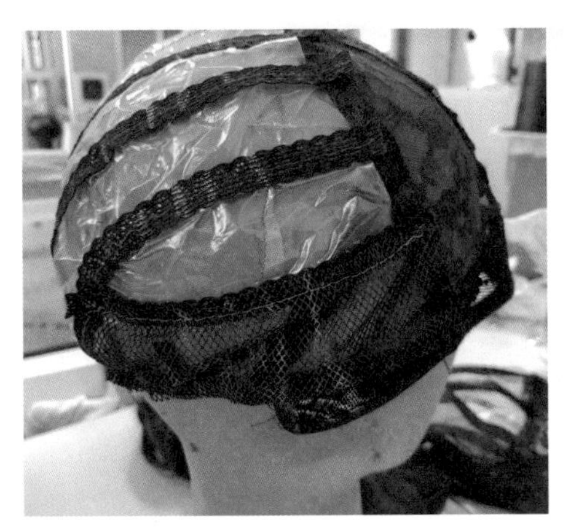

7.

넛팅

Fashion-Hair Knotting

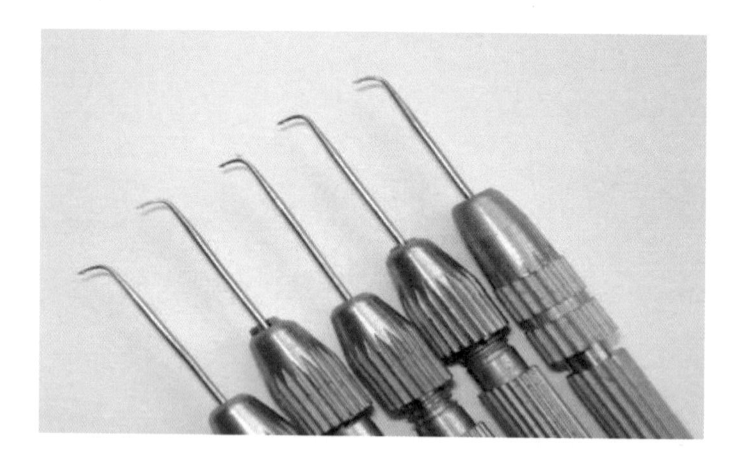

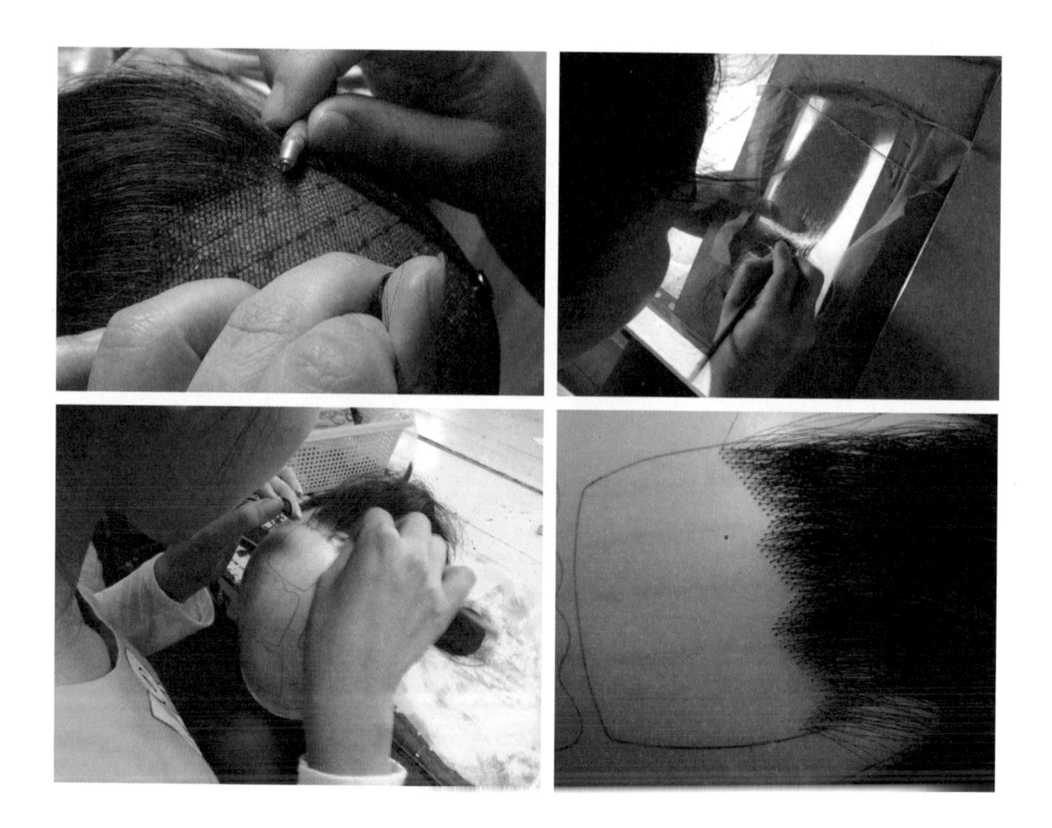

Single Knotting

사방 뜨기 싱글 수제

패션헤어 가발 의 귀 부분 Side Burn 테이프 수제 뜨는 방법으로 사방을 면으로 모발을 심어주는 수제 방법인데, 정교한 방법보다 귀 부분의 테이프가 비치지 않도록 하기 위한 자연스러운 방법

나란히 뜨기 싱글 수제

2~3올 수의 모발로 옆 방향 즉 180° 평면으로 수제 작업을 하는데, 테이프 부위에서 깨끗이 마무리할 때 적용하는 방법

올백 All Back 형 싱글 수제

패션헤어 가발 의 앞부분 이마 즉, 테이프 부위에 적용되는 방법. 특별한 스타일을 요하는 패션헤어 가발 일 경우에 한해서, 모발의 방향이 뒤 방향으로 모두 넘겨 젖히는 작업으로서 1~2올 수의 모발로 아주 정교하고 조밀하게 뜨는 방법

누인 테이프식 싱글 수제

패션헤어 가발 의 앞 테이프 부분에 뜨는 방법으로 웨프트 방향과 동일한 방향의 효력을 얻기 위해서 45° 방향으로 누인 상태에서 2~3올 수의 모발로 뜨는 방법

Half Single Knotting

매듭을 반쪽에만 지어 줌으로써 싱글과 반더블의 중간 단계에서 스타일이 완성되고 주로 스킨 파트, 가르마, 스킨 부분의 프런트 페이스 라인에 가장 많이 사용하는 방법으로 스타일링이 자유롭고 싱글보다 자연스러움

Double Knotting

일반적으로 작업하는 방식으로 캡에 모발을 바늘로 2번 엮는 작업으로 탈모가 가장 없는 작업 방법이나, 매듭이 굵고 빗질 시에 걸림 작용으로 인하여 엉킴이 심해짐

Half Double Knotting

방향이 자유자재로, 스타일을 구사할 수 있고 가장 자연스러운 표현이 가능하며 탈모 현상도 가장 적다는 것이 장점

수제 Knotting 올 수의 구별

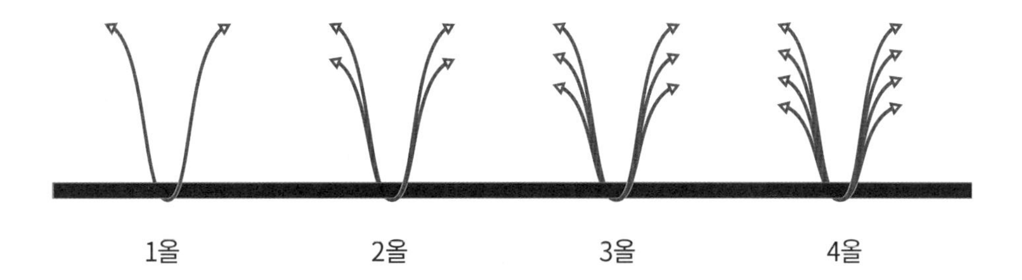

수제 Knotting의 종류

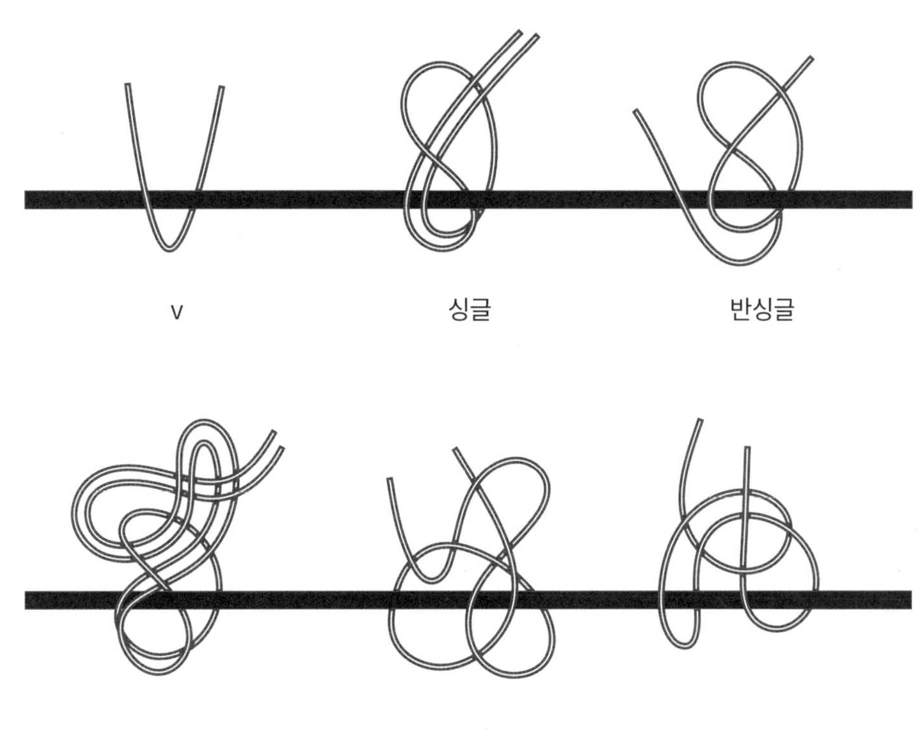

수제 방식의 모발 밀도

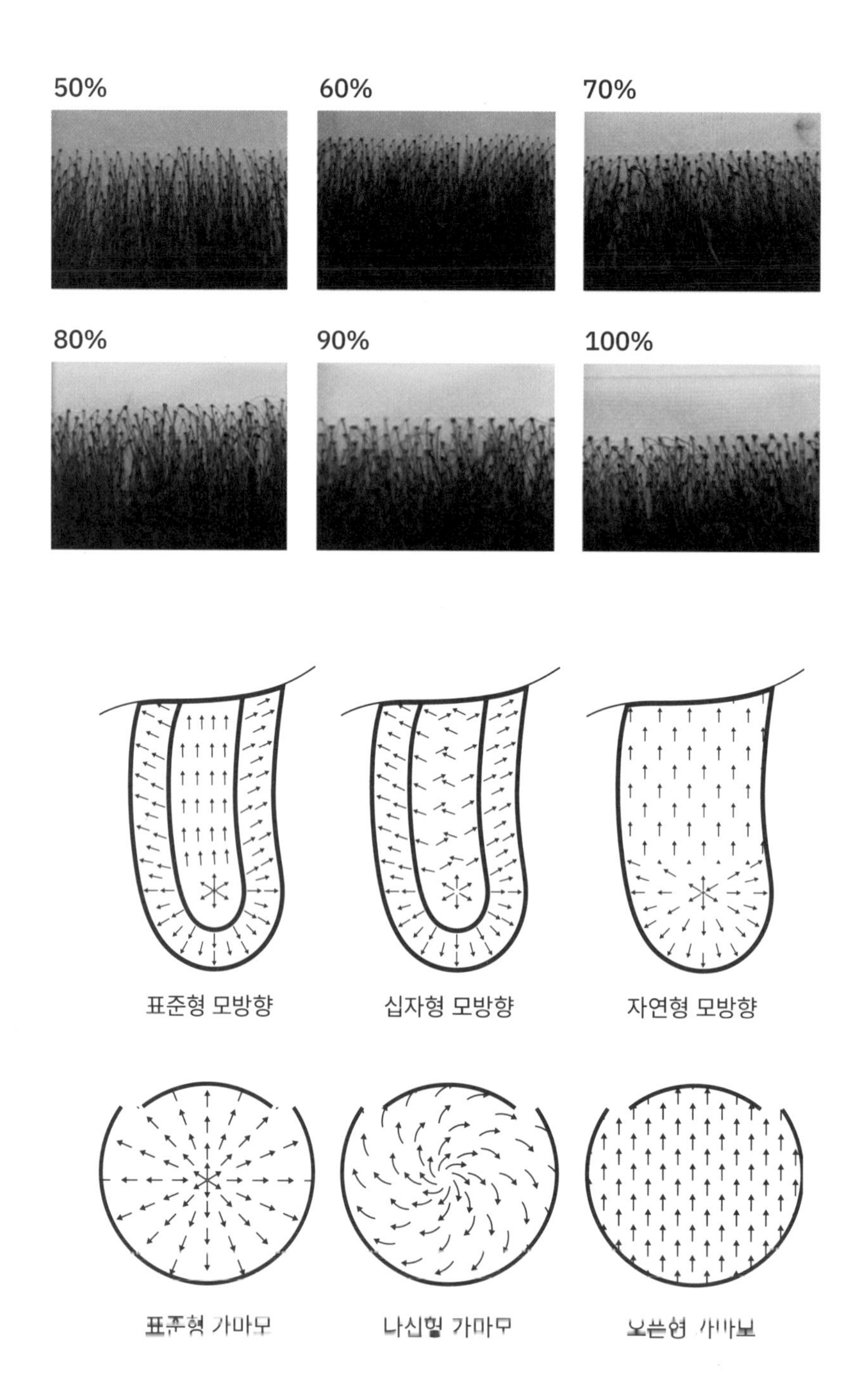

수제 Knotting의 부위별 선택

수제 구분	수제명	수제 방법	유의 사항
파트	싱글	1번 감아 수제	
	반싱글	⅔ 접어 1번 감아 수제 짧은 머리가 먼저 나와야 하며, 뒷머리 감아 수제	
	V	⅓ 접어 감지 않고 뺀다.	
그물망	더블	2번 감아 뺀다.	모질이 상할 우려가 있음
레이스	반더블	반 나눠 양쪽 1번씩 감아 돌린다.	매듭 매끄럽게
내면	싱글	1번 감아 돌림 베이비, 긴 머리- 각 1줄씩	길거나 짧아선 안 된다. 너무 깊이 수제하면 안 됨
패치	반더블	반 나눠 양쪽 1번씩 감아 돌린다.	
M.P	반더블		
리카르도	반싱글	코팅 안 하는 부분	
	V	코팅 부분	
프리덤 귀/옆/뒤	더블/싱글		테이프 부부 1줄 끝부분만 더블 나머지는 싱글

8.

부착 방법

Fashion-Hair 부착 방법

테이프식

탈모가 된 주변의 머리카락이 적거나 금속 알레르기가 있는 사람에게 적합

장점	단점
· 본인이 원할 때 언제든지 탈착이 가능하고 이질감이 적다. · 안정성이 높고 위생적인 문제가 적다세척을 자주 할 수 있음. · 탈모 크기만큼의 제품 제작이 가능하다.	· 땀이 많은 고객은 접착력이 약해 다소 불편하다. · 테이프의 교환 시 제품에 의해 모발이 탈모가 발생할 수 있다.

클립식

탈모 된 주변의 머리카락이 튼튼해야 하고 장년층과 땀이 많은 사람에게 적합

장점	단점
· 고객의 머리카락을 손상 없이 제품 제작이 가능하다. · 탈부착이 가능하여 위생상의 문제가 발생하지 않는다.	· 제품의 부위가 탈모 부위보다 크게 제작이 된다. · 가발이 벗겨질 우려가 있다. · 장기간 사용 시 클립 부분의 자모가 손상될 수 있다. · 금속 알레르기가 있는 사람은 주의한다.

본드식

격한 스포츠 등 활동이 많은 고객에게 적합 적합

장점	단점
· 처음 착용 시 안정성이 높고 다른 제품에 비해 자연스럽다.	· 탈모 부위보다 크게 제품이 제작된다. · 시간의 경과에 따른 청결도가 낮다. 이물질, 냄새, 피부트러블.

테이프식

장점

- 테이프를 이용한 부착 방식으로 자유롭게 탈부착이 가능하다.
- 탈부착이 가능하여 위생적으로 샴푸에 자유롭고 위생적인 두피 환경을 만들 수 있다.
- 테이프의 강도가 지나치지 않아 부착 방식 자체만으로 탈모를 더 이상 악화시키지 않는다.
- 두피와의 밀착력이 좋아 패션헤어가 떠 있는 듯한 불안감이 없다.
- 일상생활의 제한이 거의 없다사우나·헬스 같은 가벼운 운동 등.
- 접착력이 약해지면 언제든 본인이 탈부착이 가능하다.
- 매일매일 교체하여 사용하면 들뜨지 않고 자연스럽게 피부와 밀착하여 완벽한 이마 라인 연출이 가능하다.

단점

- 패션헤어가 안착될 부분만큼 제모가 필요하다.
- 테이프라는 특성상 착용하는 고객의 심리적인 불안감이 있을 수 있다특히 처음 패션헤어를 착용하는 사람의 경우 더 심할 수 있음.
- 너무 격하지 않은 운동은 가능하나 심한 레포츠 등은 피하는 것이 좋다.
- 일정 기간이 지나면 테이프를 교체해 주어야 하는 번거로움이 있을 수 있다.
- 땀이 너무 많은 사람은 그렇지 않은 사람에 비해 테이프의 접착력이 오래 가지 않을 수 있다.
- 탈착 시 무리한 힘은 패션헤어의 손상과 탈모를 유발할 수도 있다.
- 샴푸 시 물에 노출하여 조심스럽게 제거하도록 하며 제거 후에는 건조해야 한다.
- 패션헤어 앞 선부터 3㎜ 뒤쪽으로 라운드형으로 부착하여야 한다.

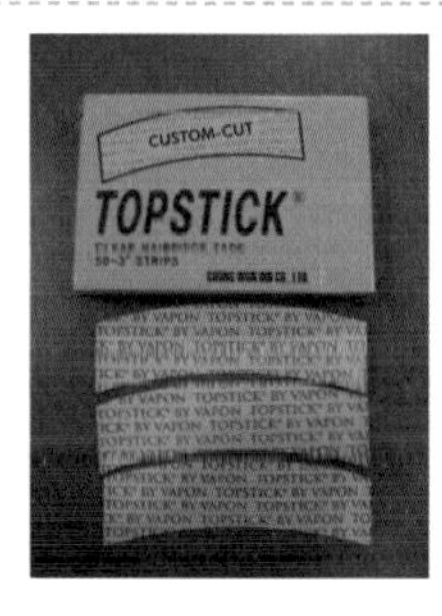

Fitting

제품과 패턴, Worksheet를 비교 점검

고객의 모발을 정돈한 뒤 패션헤어로 자연스러운 이마 높이를 선정

패션헤어의 PU 패치 양면테이프를 부착

표시된 White Pencil의 바깥 선에 맞춰 부착한 양면테이프를 떼고 패션헤어를 얹힘

뒤, 옆, 앞 기준선을 Point Cut함

고객에게 샴푸를 권하고 패션헤어를 작업실로 가져감

패션헤어 테두리의 망 부분에 진주 핀을 찔러 마네킹에 고정함

기준선을 따라 Cut하고 Thinning과 Tapering을 마침

가볍게 스타일링을 한 뒤 PU 패치 양면테이프를 부착하여 고객에게 씌워 봄

고객에게 씌워 본 뒤 잘 맞으면 패션헤어를 씌우고 스타일을 완성함

A/S

고객의 두상에서 패션헤어를 탈착함

패션헤어의 길이에 맞추어 커트함

고객에게 샴푸를 권하고 패션헤어를 작업실로 가져감

패션헤어를 세척한 후 스팀기 및 드라이기로 스타일을 냄

고객에게 씌워 드린 후 고객의 모발과 패션헤어가 층이 나지 않는지 확인함

미비한 점이 있으면 다시 손질함

스타일을 완성하고 나옴

관리 요령

먼저 패치에 남아 있는 테이프를 제거

테이프 제거 시 남아 있는 끈적이는 약품은 거즈에 알코올을 묻혀 제거함

따뜻한 물을 반 정도 채운 세면기에 샴푸를 적당량 넣은 후 제품을 넣음

샴푸대에 패션헤어를 넣고 쿠션 브러시로 여러 번 빗겨 줌

깨끗한 물로 충분히 헹구어 줌

패션헤어의 안쪽을 잡고 털은 후 두 손으로 눌러 물기를 제거함

마른 수건으로 패션헤어를 여러 번 눌러주고 드라이로 살짝 건조함

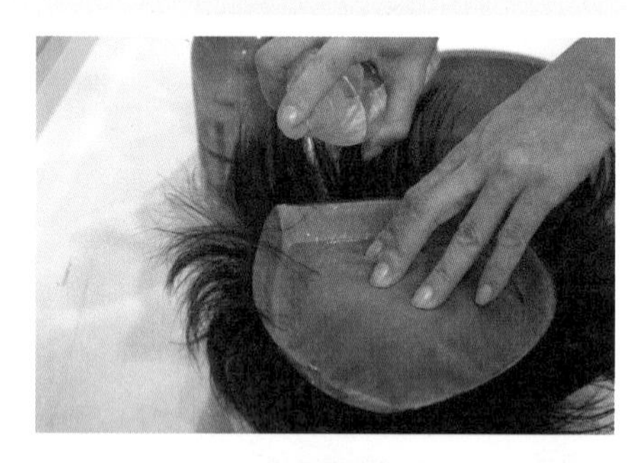

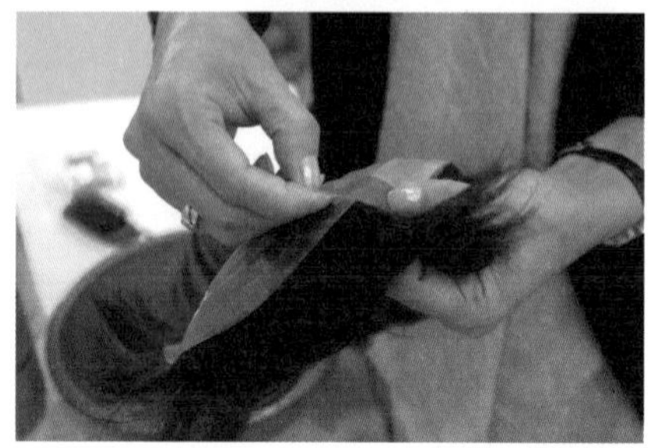

부착 순서

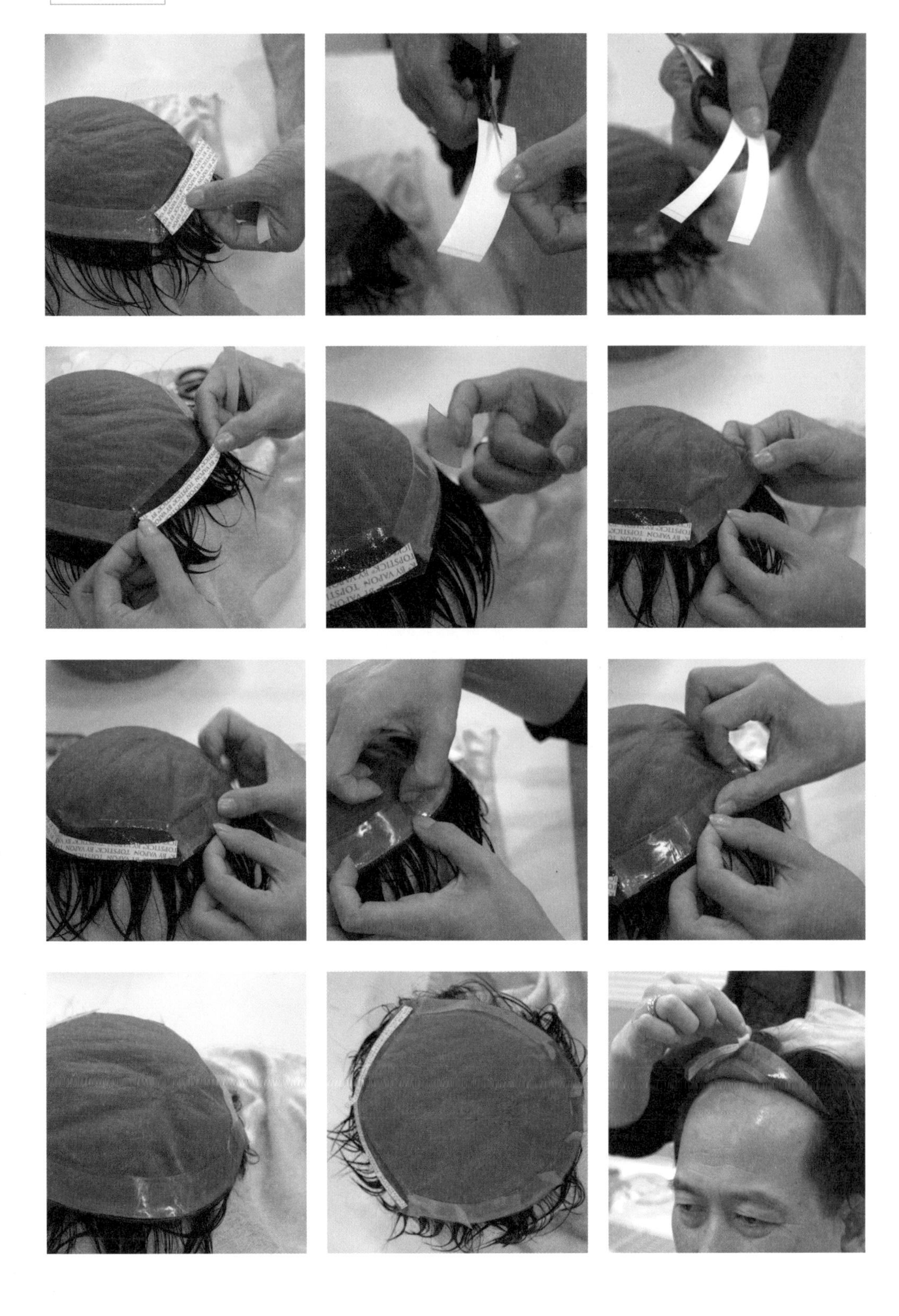

클립식Clip

- 클립식Clip은 가장 고전적인 방식으로 탈착식 방법이라고도 하며 필요할 때마다 탈착도 자유자재로 썼다가 벗는 방식임
- 보통 뒷머리와 옆머리의 인모Human Hair가 있는 부위에 클립을 사용해 패션헤어를 고정하고 패션헤어의 앞부분은 테이프나 접착제를 이용해 부착하는 방식
- 관리 및 손질이 간편하다는 것이 최대의 장점
- 클립형 패션헤어는 패션헤어에 클립을 3~5개를 부착하여 건강한 모발에 클립이 맞물려 물어지도록 만든 패션헤어임
- 주로 장년층이 많이 착용하는 방식으로 늘 패션헤어를 착용하는 사람이 아니거나 제모에 대한 거부감이 강한 사람이 착용하게 됨

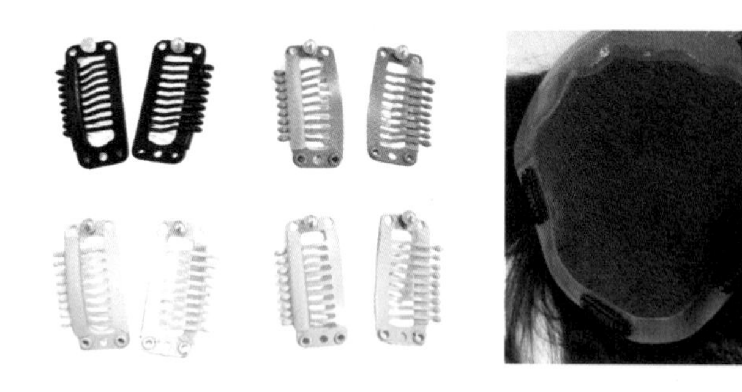

장점	단점
	· 클립에 의한 고정으로 심리적인 불안감이 있다.
· 제모를 하지 않으므로 제모에 대한 거부감이 들지 않는다.	· 클립에 의해 견인성 탈모가 올 수 있다.
· 언제나 탈부착이 가능하므로 필요할 때만 사용해도 무방하다.	· 패션헤어를 착용하고 격한 운동이나 레포츠 등의 제한이 있을 수 있다.
· 평균적으로 다른 착용 방식에 비해 패션헤어의 수명이 가장 길다.	· 건강한 모발에 클립이 위치해야 하므로 탈모 범위보다 패션헤어가 크게 제작되어 지는 것이 일반적이다.
· 샴푸 시 시원하게 샴푸가 가능하다.	· 패션헤어 착용 후의 적응 기간이 가장 길 수 있다 늘 착용하지 않는 경우.
· 취침 시 편안한 잠을 잘 수 있다.	· 패션헤어와 두피 사이에 본 모발이 존재할 수 있기 때문에 패션헤어가 두피에서 떠 있는 것처럼 느껴 심리적인 불안감이 있을 수 있다.
· 관리가 손쉽다.	

Fitting

패션헤어와 패턴, Worksheet를 비교 점검함

고객의 모발을 정돈한 뒤 패션헤어로 자연스러운 이마 높이를 선정함

패션헤어의 좌우 균형 및 이마 높이가 맞으면 패션헤어를 얹음

클립을 열고 모발에 클립을 물리도록 함

모발이 당기지 않도록 클립이 집히는 부분을 톡톡 두들기며 클립을 눌러 패션헤어를 고정함

뒤, 옆, 앞 기준선을 Point Cut함

고객에게 샴푸를 권하고 패션헤어를 작업실로 가져감

패션헤어 테두리의 망 부분에 진주 핀을 찔러 마네킹에 고정함

기준선을 따라 Cut하고 Thinning과 모발 끝을 붓끝처럼 뾰족하게 하는 Tapering을 마침

가볍게 스타일링을 한 뒤 고객에게 씌워 봄

고객에게 씌워 본 뒤 잘 맞으면 패션헤어를 씌워 드리고 스타일을 완성하고 나옴

A/S

고객의 모발에서 클립을 풀기 전에 스타일을 확인과 길이 확인 후 클립을 품

패션헤어의 길이에 맞추어 커트함

고객에게 샴푸를 권하고 패션헤어를 작업실로 가져감

패션헤어를 세척한 후 스팀기 및 드라이기로 스타일을 냄

고객에게 씌워 드린 후 고객의 모발과 패션헤어가 층이 나지 않는지 확인함

미비한 점이 있으면 다시 손질함

스타일을 완성하고 나옴

관리 요령

따뜻한 물을 반 정도 채운 샴푸대에 샴푸를 적당량 넣은 후 패션헤어를 넣음

샴푸대에 패션헤어를 넣고 쿠션 브러시로 여러 번 빗겨 줌

빗질할 땐 머리끝에서 뿌리 쪽으로 엉킨 머리는 풀면서 빗질-엉킴기 예방

깨끗한 물로 충분히 헹구어 줌

패션헤어의 안쪽을 잡고 털은 후 두 손으로 눌러 물기를 제거함

마른 수건으로 제품을 여러 번 눌러주고 드라이로 살짝 건조함

건조하면서 앞쪽과 뒤쪽으로 가르마 없이 빗질을 해 줌- 볼륨감 유지

앞이마의 헤어 라인에 맞추어 클립을 고정한 후 빗으로 자연스러운 스타일을 만듦

본드식 고정식

- 젊은 연령층들이 주로 선호하는 방식으로 고정식이라고도 함
- 패션헤어를 두피에 물리적인 방법으로 움직임이 없게 고정하는 방식으로 일정 기간 패션헤어를 부착한 상태로 지내는 것을 말함
- 패션헤어를 착용한 채로 샤워나 수면 등 모든 것이 가능
- 탈모 부위를 면도한 후 패션헤어의 뒷부분은 접착제를 이용해 두피에 부착하고 패션헤어의 앞부분은 테이프나 접착제를 이용해 부착하는 방식
- 일정 기간이 지나면 샵을 방문하여 재부착을 해야 함

장점	단점
· 모든 일상생활에 제한 없이 여러 가지 수영이나 사우나 등 운동이나 레포츠 등도 가능하다. · 패션헤어를 착용한 채로 일상이 가능하다. · 여행이나 장기간 출장 등에도 불편함이 없다. · 일일이 패션헤어를 탈착하여 다시 부착해야 한다는 번거로움이 없다부착 기간 20~30일. · 일정 기간 두피에서 떨어질 일이 없으므로 심리적인 안정감이 가장 높다. · 두피에 가까이 밀착해 있으므로 뜨는 것이 없어 자연스럽다.	· 착용자 본인이 직접 접착법에 대한 수정이 불가능하다. · 접착력이 떨어지면 숍을 방문해 재접착해야 한다. · 부착한 상태로 일정 기간을 지내야 하므로 답답함을 느낄 수 있다. · 패션헤어를 착용한 상태로 샴푸를 해야 하므로 시원하게 샴푸하지 못한다. · 두피에 대한 샴푸가 원활하지 않을 수 있으므로 두피의 위생 상태가 좋지 못할 수 있다. · 알레르기가 있거나 피부가 약한 사람은 주의해야 한다접착제로 인하여 알레르기나 트러블을 더 심해질 수 있기 때문. · 패션헤어를 착용한 상태에서 매일 매일 샴푸와 스타일링을 하기 때문에 패션헤어의 수명이 짧다.

시술 방법

먼저 손님의 얼굴형을 파악한 다음 포인트 결정에 들어감

이마 위치를 선정해 줌보통 이마 위치는
미간에서 손가락 4개 정도 7㎝±5㎜ 정도

Side Point는 눈썹산과 귀 앞부분에서 만나는 지점으로 선정해 줌

둘레 위치- 손님의 탈모 상태에서 건강한 모발 1.5㎝ 정도 아래 그려줌

Front Side Point 부분과 둘레 부분의 연결-옆 부분의 모발이 자라나온 선에서 머리숱이 많은 경우 모발이 자라나온 선부터 1.5~2㎝ 정도 뒤에서 그려주며 머리숱이 적은 경우는 모발이 자라나온 선부터 0.5~1㎝ 정도 앞에서 그려줌

가르마 선 결정- 앞가르마 점을 먼저 정하고 곡선 혹은 직선의 가르마 선을 가상으로 그려서 가마 선을 찍어줌

Point 작업이 끝나면 테이프 붙이기에 들어감
이때 테이프가 울거나 너무 한 쪽으로 몰려서 붙이면 콘튜어가 맞지 않아서
Fitting할 때 힘이 듦

모든 작업이 끝나면 손님의 컬러를 결정- 컬러링 또는 견본 머리 채취함

마지막으로 패턴을 그려서 완성함

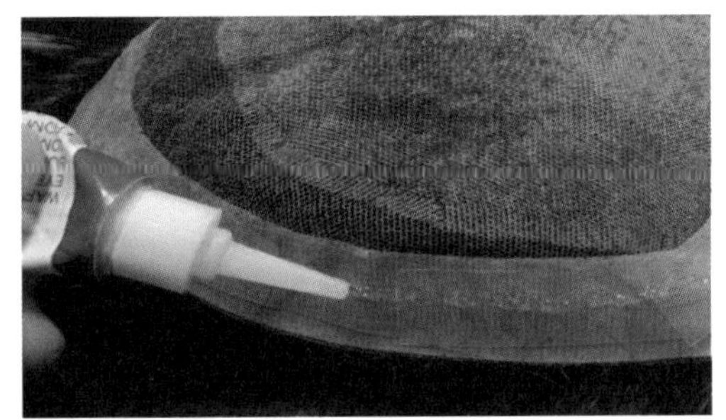

Fitting

제품과 패턴, Worksheet를 비교 점검하고 부착할
PU 패치 부분에 양면테이프를 붙여 놓음

고객의 머리를 빗으로 정돈 한 뒤 패턴을 탈모 부위에 대고 White Pencil로 표시함

표시된 White Pencil의 바깥 선의 안쪽 모발을 클리퍼를 이용하여 3㎜로 밀어냄

제품을 패턴 크기에 맞추어 양면테이프를 떼고 임시로 부착함

뒤, 옆, 앞 기준선을 Point Cut함

고객에게 샴푸를 권하고 패션헤어를 작업실로 가져감

패션헤어 테두리의 망 부분에 진주 핀을 찔러 마네킹에 고정함

기준선을 따라 Cut하고 Thinning과 Tapering을 마침

가볍게 스타일링을 한 뒤 고객에게 씌워 봄

고객에게 씌워 본 뒤 잘 맞으면 부스로 들어와 패션헤어의 안쪽
PU 패치 부분에 Red Tape를 부착함

Red Tape를 벗기고 벗긴 부분에 면봉이나 붓으로 접착 글루를 패션헤어 PU
패치 밖으로 나오지 않게 최대한 얇게 펴 바름

부스로 들어와 고객의 두상에 패턴을 대고
화이트 펜슬로 부착할 부분에 Point를 잡아줌

고객의 두피에 부착할 부분의 안쪽에 접착 글루를 얇게 펴 바름

자연방치 2~3분 후 패션헤어를 앞이마 선 기준으로
앞부분부터 살며시 당기며 부착함

부착 부위를 손가락 끝으로 꾹꾹 눌러준다. 스타일링을 미치고 나옴

A/S

고객의 두상에서 리무버나 클리퍼를 이용해 패션헤어를 제거함

모발이 자라난 길이를 봐서 클리퍼를 사용할 것인지 리무버를 사용할 것인지를 결정함

고객 머리를 커트해 드린 후 두피에 남아 있는 약품은 리무버를
묻힌 솜이나 거즈로 닦아 줌

패션헤어가 부착된 안쪽은 이발기바리캉로 3㎜ 밀어 줌

고객에게 샴푸를 권하고 패션헤어를 작업실로 가져감

패션헤어에 붙어 있는 테이프를 제거하고 세척한 후
스팀기 및 드라이기로 스타일을 냄

스타일링이 끝나면 고객의 두상에 패션헤어를 씌어 드린 후
화이트 펜슬로 Point를 잡음

부스로 들어와 패션헤어의 안쪽 PU 패치 Red Tapering을 부착함

Red Tape를 벗기고 벗긴 부분에 면봉이나 붓으로
접착 글루가 제품 밖으로 나오지 않게 최대한 얇게 펴 바름

고객의 두피에 부착할 부분의 안쪽에 접착 글루를 얇게 펴 바름

자연방치 2~3분 후 패션헤어를 앞이마 선 기준으로
앞부분부터 살며시 당기며 부착함

부착 부위를 손가락 끝으로 꾹꾹 눌러준다. 스타일링을 마치고 나옴

부착 부위가 짓물렀을 경우

패션헤어를 부착할 두피모발 2㎜ 남겨둔 부분 즉, 머리가 짓무른 부분에 약품을 바르지 않고 양면테이프를 부착한 뒤 그 위에 인모Human Hair를 톱니바퀴처럼 몇 가닥씩 올려놓고 그 위에 N.S.G 약품을 바른 뒤 글루를 몇 방울 떨어뜨려 부착함

제품 관리 요령

샤워기로 미지근한 물을 머리에 고르게 적심

샴푸를 손바닥에 덜어 거품을 낸 후 모발에 골고루 바르고 쿠션 브러시로 마사지하듯 2~3분간 두들기고 빗질을 하여 감음

강한 샤워기 물로 헹굼

마른 수건으로 모발을 덮은 후 반복하여 눌러줌

드라이를 이용하여 살짝 건조하며 약간의 물기가 있는 상태에서 빗질하여 스타일을 만듦

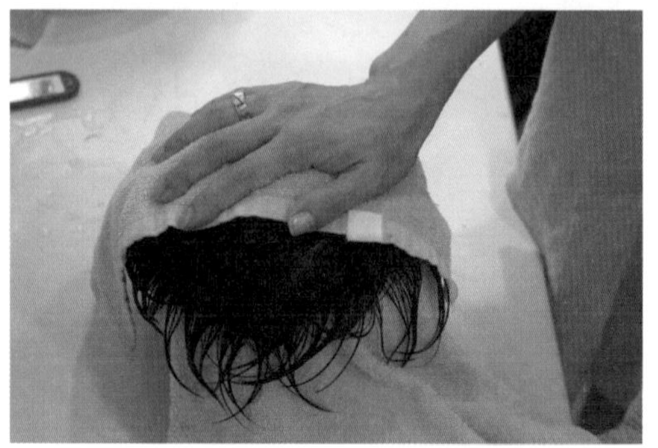

벨크로식

· 벨크로는 최근 유행하는 방식으로 전체 또는 일부의 패치 부분을 벨크로 소재를 부착하여 사용하는 방식임

· 클립의 금속성이나 접착제 등의 화학약품에 대한 알레르기 반응이 민감한 고객이 선호하는 방식으로 과격한 운동을 하지 않고 골프나 등산 정도의 운동과 일상생활에서 사용하기 편리한 방식임

단추식

· 단추 방식은 단추 등을 패션헤어의 그물망에 꿰매어본 모발에 직접 집어 사용하는 방법으로 모발이 자람에 따라 똑딱단추의 위치를 다시 바꾸어 집어 주어야 함

· 이러한 방법은 고정해 줄 수 있어 다소 안정적임. 또한 쉽게 패션헤어를 벗을 수 있으므로 두피를 청결히 할 수 있는 이점을 가짐

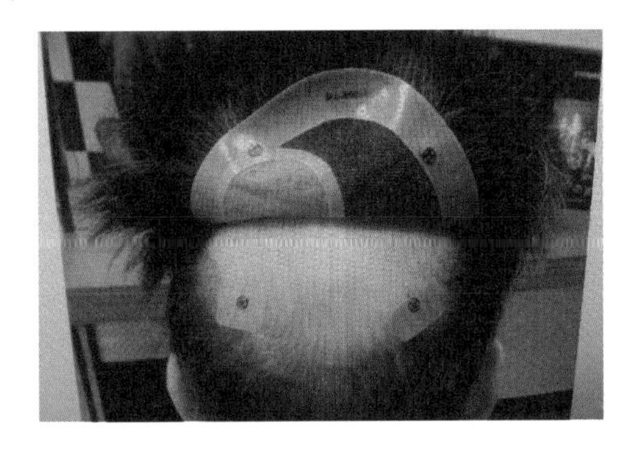

특수 방식

벨크로 뜨개질법

· 자신의 본 모발을 패션헤어 그물망 사이사이 구멍으로 빼내어 그물망을 뜨개질 뜨듯이 묶어 고정해 주는 방법

· 이러한 방법은 그물망 사이사이 구멍을 모두 고정해 줌으로써 튼튼하게 고정할 수 있음

· 그러나 이 방법은 모발이 자람에 따라 그물망을 다시 두피에 밀착시켜 주기 위한 조정 작업이 필요함

· 꽉 조여진 부분은 탈모에 의해서 약해진 인모Human Hair를 잡아 당겨주게 되어 특정 부분에 조기 탈모가 야기될 수 있으며 이를 견인성 탈모라고 함

터널법

· 두피의 피부조직에 터널을 만들어 패션헤어를 부착하여 플라스틱이나 나일론 갈고리를 패션헤어에 부착함으로써 두피 조직에 만들어진 터널에 고정하는 방법

· 이 방법은 패션헤어 제작업체를 방문하지 않고도 쉽게 탈착할 수 있는 장점이 있으나, 터널을 만들 때 생기는 상처조직은 터널을 제거할 경우에도 계속 남게 되는 단점이 있음

봉합법

· 패션헤어를 두피 조직에 부착시키기 위하여 수술용 봉합사를 사용하여 두피에 오랫동안 꿰매어 사용하는 방법

· 이 기법은 미국에서 불법이지만, 오직 뉴저지주의 몇몇 회사에서 이러한 기법을 이용한 패션헤어를 생산하고 있으나, 당국은 계속 제조금지 조치를 취하고 있음

전두형 패션헤어

· 프런트 라인만 테이프로 부착하고 프런트 부분을 제외한 다른 부분은 망을 접어 사용하는 경우가 대부분인 전두 패션헤어는 사이즈 조절 밴드를 이용하여 두상에 맞추거나 와이어를 두상의 굴곡에 맞추어 사용하는 경우가 대부분임

· 간혹 사이드 부분과 네이프 부분을 우레탄 소재 등으로 제작하여 테이프로 고정하기도 하나 흔히 사용하는 방식은 아님

· 프런트 부분의 라인을 테이프로 고정하고 S.C.PSide Corner Point와 N.S.PNape Side Point 부분에 안착되어 있는 와이어를 두상의 굴곡에 따라 자연스럽게 밀착시켜 줌

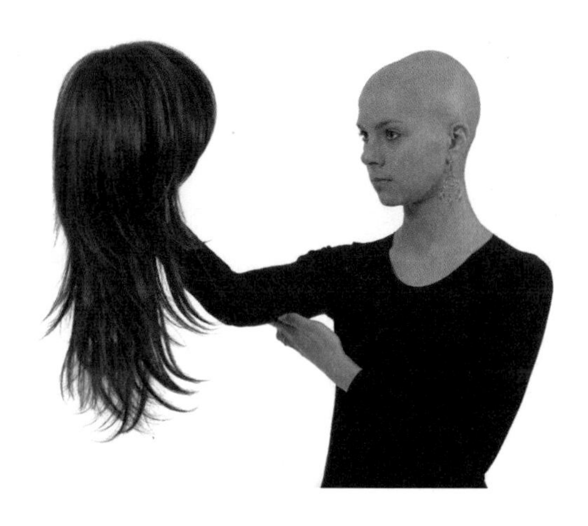

9.

상담 카드와 작업지시서

Fashion-Hair 주문관리

상담 카드

상담 카드 작성 요령

고객과 상담을 통해 착용 유형을 결정할 때에는
착용자의 직업, 나이, 근무 여건, 취미, 즐기는 운동 등을 꼼꼼히 점검

탈모 범위와 탈모 진행 과정도 앞으로의 치료 계획도 점검

인조모와 인모의 차이를 설명하고 혼합할 것인지 아닌지도 결정함

부착 방식의 장단점을 꼼꼼히 설명하고 생활 방식과 취미 등을 고려하며 두피의 상태 건성, 지성, 비듬성, 예민성 **등 를 점검하여 착용 방법에 참고함**

평상시 당뇨나 고혈압 등 지병이 있는 사람은 접착제를 이용한 고정식은 피하는 것이 좋음

고객이 상담 중에 다른 패션헤어를 착용하고 있는 경우 고객은 이미 그 패션헤어에 매우 익숙해져 있으므로 설사 고객의 모습이 보기에 거슬릴 만큼 흉하다 해도 착용하고 있는 패션헤어에 대해 무시하거나 함부로 깎아내리는 발언은 절대 금물

① **파트형**Part Style 특정 부위의 크기에 알맞은 크기를 책정한다.

② **전두형**All Style 전체형으로 두부 전체를 측정한다.

③ **모 굵기** 개인별로 모 굵기, 웨이브 정도를 구분해야 한다.

④ **모 색상** 최대 근사치에 가까운 색상을 찾는다.

⑤ **나이** 나이에 따라 스타일을 잘 점검한다.

⑥ **직업** 직업의 유형에 따른 헤어스타일에 유의한다.

⑦ **얼굴 형태** 본래 머리 형태를 보완할 수 있도록 해야 한다.

⑧ **망**Base **선택** 개인의 두피 상태에 따라 망의 선택도 달라져야 한다.

⑨ **가르마**Part 개인별 가르마의 형태와 위치를 잘 파악해야 자연스러운 모발 형태를 이룬다.

⑩ **작업지시서** 이상의 싱황을 잘 정리하여 다음 공정에 전달한다.

작업지시서

작업지시서 작성 요령

원하는 제품을 가장 안정적으로 만들기 위한 제작 공장과의 의사소통이 진행되는 통로

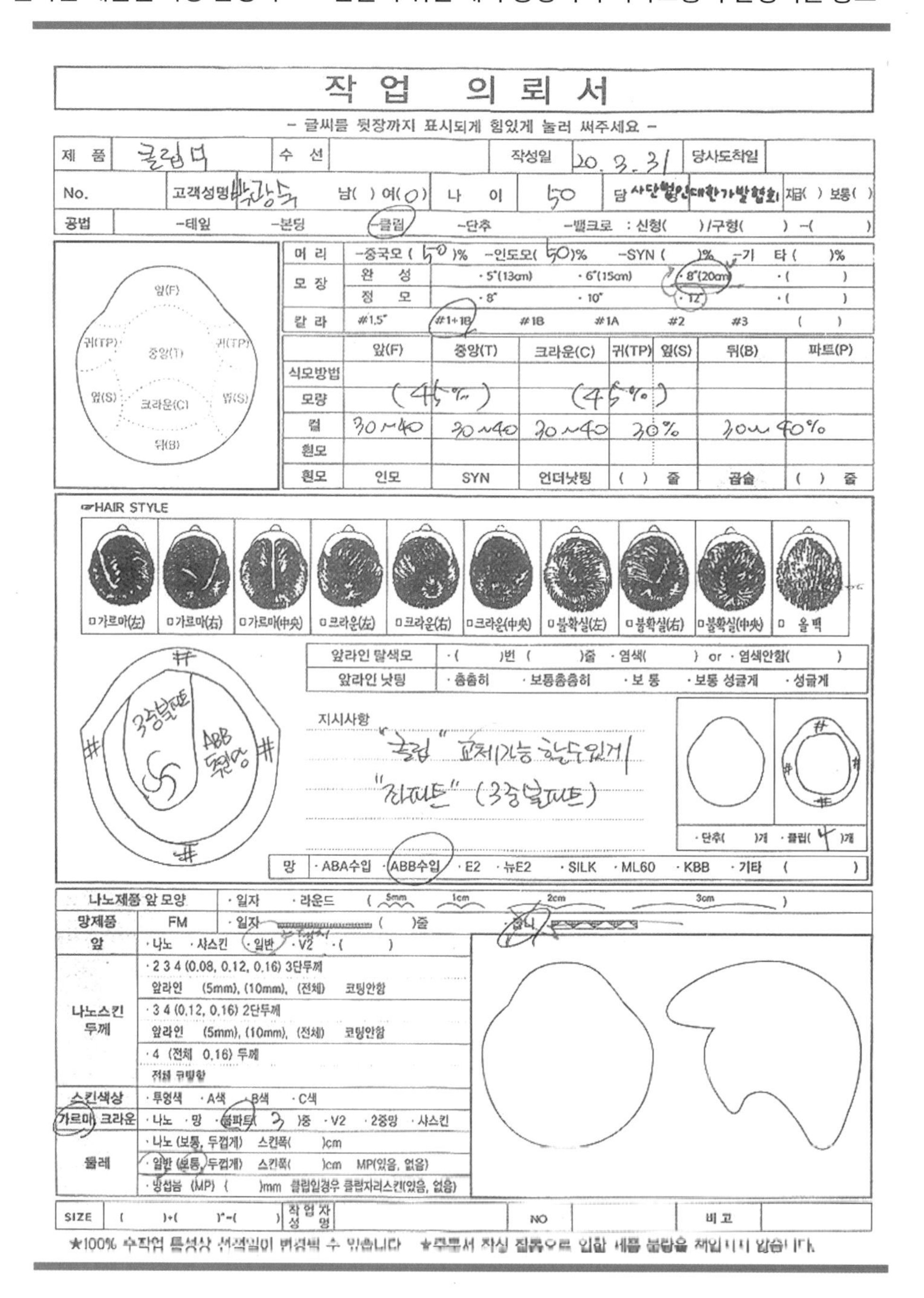

작 업 의 뢰 서

– 글씨를 뒷장까지 표시되게 힘있게 눌러 써주세요 –

제 품		수 선		작성일	20. 3. 31	당사도착일	
No.	고객성명	남( ) 여(O)	나 이	50	담 사단법인 대한가발협회	지급( ) 보통( )	

공법: –테잎 –본딩 –클립 –단추 –벨크로 : 신형( )/구형( ) –( )

머 리	–중국모 (50)% –인도모(50)% –SYN ( )% –기 타 ( )%				
모 장 (완 성)	· 5"(13cm)	· 6"(15cm)	· 8"(20cm)	· ( )	
모 장 (정 모)	· 8"	· 10"	· 12"	· ( )	
칼 라	#1.5"	#1+1B	#1B	#1A	#2 / #3 / ( )

	앞(F)	중앙(T)	크라운(C)	귀(TP) 옆(S)	뒤(B)	파트(P)
식모방법						
모량	(45%)		(45%)			
컬	30~40	30~40	30~40	30%	20~40%	
흰모						
흰모	인모	SYN	언더낫팅	( ) 줄	곱슬	( ) 줄

☞HAIR STYLE

□가르마(左) □가르마(右) □가르마(中央) □크라운(左) □크라운(右) □크라운(中央) □불확실(左) □불확실(右) □불확실(中央) □ 올 백

앞라인 탈색모	·( )번 ( )줄 · 염색( ) or · 염색안함( )
앞라인 낫팅	· 촘촘히 · 보통촘촘히 · 보 통 · 보통 성글게 · 성글게

지시사항

"클립" 교체가능 할수있게

"리파트" (3중날파트)

· 단추( )개 · 클립(4)개

망 · ABA수입 · ABB수입 · E2 · 뉴E2 · SILK · ML60 · KBB · 기타 ( )

나노제품 앞 모양	· 일자 · 라운드 (5mm 1cm 2cm 3cm)
망제품	FM · 일자 ( )줄 · 갑니
앞	· 나노 · 사스킨 · 일반 · V2 · ( )
나노스킨 두께	· 2 3 4 (0.08, 0.12, 0.16) 3단두께 앞라인 (5mm), (10mm), (전체) 코팅안함
	· 3 4 (0.12, 0.16) 2단두께 앞라인 (5mm), (10mm), (전체) 코팅안함
	· 4 (전체 0.16) 두께 전체 코팅함
스킨색상	· 투명색 · A색 · B색 · C색
가르마, 크라운	· 나노 · 망 · 불파트(3)중 · V2 · 2중망 · 사스킨
둘레	· 나노 (보통, 두껍게) 스킨폭( )cm
	· 일반 (보통, 두껍게) 스킨폭( )cm MP(있음, 없음)
	· 망섭놈 (MP) ( )mm 클립일경우 클립자리스킨(있음, 없음)

SIZE	( )+( )"=( )	작업자 성 명		NO		비 고	

★100% 수작업 특성상 선적일이 변경될 수 있습니다 ★주문서 작성 실수로 인한 제품 불량을 책임지지 않습니다.

주문번호 입력

- 주문번호에는 가능한 매장에서 사용하고 있는 고객 번호와 일치하는 것이 좋음
- 일정 기간 패턴을 보관해야 할 경우 동명이인이 있을 것을 염두에 두고 고객의 이름 작성
- 대부분의 경우 고객의 이름과 고객 번호는 제품에 함께 인쇄되므로 정확히 기재함

품명 기재 부착법

- 상담 시 결정된 품명을 기재하고 착용 방식을 적어 둠
- Custom의 경우 착용 방식과 디자인에 따라 미리 품목을 정함

예 클립식, 테이프식, 고정식 등

- 클립식의 경우 고객의 두상에 맞추어 놓은 패턴에 클립의 위치를 지정함
- 주문번호 및 접수날짜, 공장으로 패턴을 입고하는 날짜를 기재함

선적일

- 매장으로 입고되는 예상 날짜를 기재한다. 특별하지 않는 한 입고 날짜를 너무 촉박하게 잡지 않도록 함

모발의 방향

- 모발이 Knotting 되는 방향 체크. 패션헤어에 가르마가 있는 경우라면 가르마의 방향과 같은 모발 방향을 체크해 주어야 함
- 가마가 형성되는 시점에 모발의 방향에 따라 볼륨의 차이가 있음
- 특히 가르마가 형성되지 않는 제품엔 가마의 위치에 따라 볼륨의 영향을 받음

예 좌 파트, 우 파트, 중앙 등

모발 및 모질

- 패션헤어에 Knotting 될 모발 원사와 원사를 혼합할 경우 원사의 혼합률을 정함

예 중국모 80% 인도모 20% 등 한국인 대부분은 중국모를 많이 사용하는 것이 특징

- 중국모가 한국인의 모질과 가장 흡사하며 몽골모를 사용하기도 하지만 아직은 가격 면에서 중국모가 선호됨
- 인도모는 잔머리 처리용으로 모질이 얇은 사람의 경우에 많이 사용됨
- 큐티클의 일부분 남아있는 레미모로 할 것인지 일반 모질로 할 것인지를 정하여 체크함
- 레미모의 경우는 별도로 작업지시서에 표시함

인모와 인조모의 혼합 비율

- 일반적으로 100% 인모의 사용을 선호함
- 오랜 사용자들은 패션헤어를 착용한 사람의 경우 인조모의 혼합이 더 자연스럽게 느껴 선호됨100% 인모로 제작되어 질 경우 뿌리의 볼륨감이 적어 손질의 어려움을 느낄 수도 있기 때문에 많은 볼륨감을 원하거나 스타일링에 많은 신경을 쓰는 사람은 인조모를 혼합함
- 인조모의 경우 시간이 지남에 따라 모질의 변형, 모발의 컬러 등이 인모와 많은 차이를 보이므로 시간이 흐르면서 인조모와 인모의 차이가 확연히 드러남
- 인조모의 혼합률을 너무 높이면 모질의 느낌도 좋지 않고 시간의 흐름에 따라 회복이 어려운 경우도 발생할 수 있음 최대 30% 이상 금지

Hair Color 모발 색상

- 대부분의 경우 본 모발과 색상과 동일한 색상으로 제작되는 경우가 일반적임
- 부분적으로 색상이 다르게 제작 되어지는 경우 위치와 색상을 기재하여 줌
- 여러 종류가 있기 때문에 가지고 있는 샘플을 직접 고객의 인모Human Hair에 덧대어 보아 가장 유사한 컬러를 산출함
- 고객의 인모Human Hair를 20~30가닥 잘라내어 작업지시서와 같이 보내는 것도 하나의 방법
- 밝은 컬러를 원하는 경우 제작된 패션헤어를 밝은색으로 염색하면 손상이 발생
- 고객이 원하는 밝기의 컬러로 패션헤어를 제작하고 이후 고객의 모발 컬러를 패션헤어의 컬러로 맞추어 주는 것이 손상을 줄일 수 있는 방법

백모량

- 백모를 혼합할 경우 백모의 양을 퍼센트로 적어주고 부분적으로 다를 경우 원하는 부위의 양을 퍼센트로 나누어 적어 줌
- 3~80%까지 혼합– 대부분의 경우 20%의 혼합률을 넘지는 않음
- 연령대가 높은 착용자이거나 본 모발의 백모가 있는 고객이 특별히 염색을 계획하고 있지 않다면 본 모발의 백모량과 맞추어 주는 것이 자연스러움

모발색상

백모량

- 모의 웨이브의 크기굵기를 기재
- 대부분의 경우 약간의 반곱슬 형태를 만들어주는 것이 손질을 용이하게 해주므로 32~38㎜를 사용하는 것이 일반적
- 강한 웨이브를 원할 경우 제작 단계에서 컬을 만드는 것이 유리함
- 고객의 두상 특성상 볼륨을 더 주고 싶은 곳은 웨이브의 형태를 달리하여 보완해 줄 수 있음
- 직모로 된 맞춤 패션헤어의 경우 착용자의 손질에 어려움이 많음
- 대부분의 맞춤 패션헤어는 약간의 C컬이 형성되도록 약한 반곱슬 형태로 컬을 제작함
- 더 강한 컬을 원하거나 직모를 원한다면 정확히 기재함
- 패션헤어의 경우 사람의 머리로 만들어지고 있고 큐티클이라는 보호막이 없기 때문에 컬이 강할수록 엉킴 현상 발생

Hair Length 모장

- 일반적인 Toupet Custom인 경우 6~8인치의 모장으로 제작
- 이외 길이는 필수로 표기함

Hair Density 모량

- 패션헤어 전체에 Knotting 되는 모의 양을 퍼센트로 기재함
- 부분적으로 모의 양을 다르게 Knotting 할 경우 원하는 부분의 모량을 정확히 기재해 줌
  예 Front 65%, Side 75%, Back 80% 등
- 착용자의 모량에 최대한 맞추는 것이 좋음
- 대부분의 경우 전체 패션헤어 크기에 비한 65~70%의 모량을 심는 것이 일반적임
- 처음 패션헤어를 착용하는 사람일수록 모량의 비율을 낮추어 어색함을 줄여주고 기존 착용자일수록 모량의 비율을 높여주어 A/S의 기간이 지나치게 빨라지는 것을 막아줘야 함
- 비교적 연령대가 낮은 사람일수록 모량의 비율을 높이고 연령대가 많은 사람일수록 모량의 비율을 낮춰 주는 것이 좋음
- 전체적인 모량을 정했다면 프런트, 탑, 사이드, 백, 파트 등의 세심한 모량을 나누어 줌
  예 사이드의 본 모발의 많지 않은 착용자라면 사이드의 모량을 늘려 패션헤어를 착용했을 때 본 모발의 부족함을 채워줄 수 있게 함

10% 20% 30% 40% 50% 60% 70%

컬러링 & 견본머리

- 차트 샘플의 컬러링을 참고하여 본머리와 가장 흡사한 컬러를 선택하여 기재하고 본 모발을 몇 가닥 잘라 샘플화 하여 견본머리란에 붙여 보내기도 함
- 본 모발과 완벽하게 일치하는 컬러를 기대하는 것보다는 가장 유사한 컬러를 선택하는 것이 좋음

스킨의 컬러

- 스킨 차트를 이용하여 직접 대어보고 결정한 스킨의 컬러를 적어 둠
- 스킨의 컬러를 정할 때는 사람은 언제나 땀을 흘린다는 것을 잊지 말고 스킨이 마른 상태가 아닌 젖은 상태에서 색상을 정해야만 착용 후 어색함을 줄일 수 있음

캡망 색상 및 종류

- 모발이 Knotting 되는 망의 컬러를 망 차트에서 선택하여 기재함
- 본 모발을 클리퍼를 이용하여 밀어내고 착용하는 고정식과 테이프식의 경우 검은색의 망을 주로 사용하고 본 모발을 밀어내지 않고 사용하는 클립식의 경우에는 보다 촘촘한 살색 망을 사용함

컬러차트

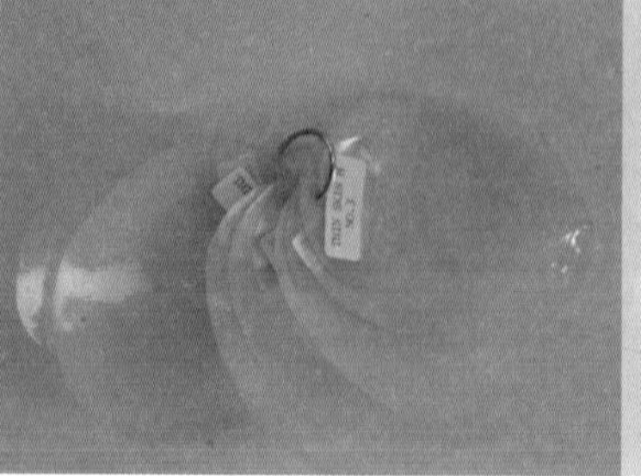

스킨차트

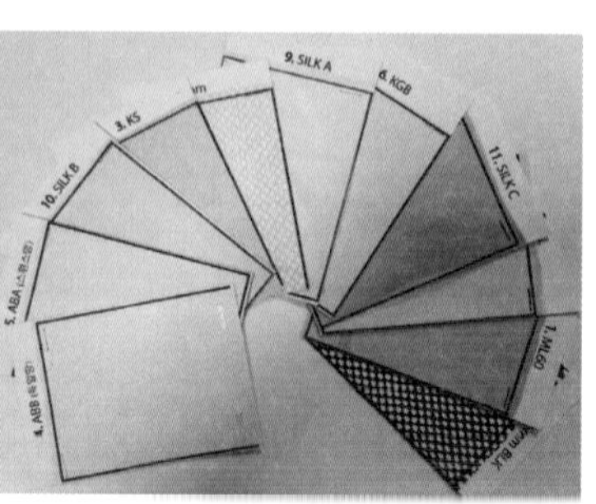

망차트

특별지시서

- 주문서에 기재되지 않은 것을 설명할 때 사용
- 보통 매장에서 일반적으로 사용하지 않는 것을 주문할 때 사용. 그러므로 고객이 원하는 것을 정확히 적도록 함

Under Looping내면

- 한가지의 소재가 아닌 다른 소재를 혼합할 경우 위치와 소재를 정하여 기재
- 주로 전두 패션헤어의 경우 사용되는 경우가 많음
  예 가르마 부분 실크만, Back 육각만

Baby Hair애교머리

- 주로 Front나 Side의 자연스러움을 위하여 잔머리의 느낌이 나도록 만들 때 사용
- 애교머리가 심어질 위치와 양을 정하여 주는 것이 좋음

전두 패션헤어의 작업지시서

- 전두 패션헤어의 경우 사이드 부분의 모량과 네이프 부분의 모량을 반드시 다르게 적용함
- 전두 패션헤어의 특성상 네이프 부분의 들뜸과 갈라짐 현상을 어느 정도 커버하기 위해서는 전체적인 모량보다 네이프의 모량을 많게는 25% 정도 더해줌으로써 네이프 부분의 갈라짐이나 들뜸 현상을 어느 정도 줄일 수 있음
- S.PSide Point와 N.S.PNape Side Point에 와이어를 넣을 것인지 사이즈 조절이 가능한 밴드를 같이 넣을 것인지를 결정
- 대부분의 경우 사이즈를 조절할 수 있는 밴드 와이어를 같이 넣는 것이 일반적임

10.

스타일

Fashion-Hair 스타일

패션헤어 염색

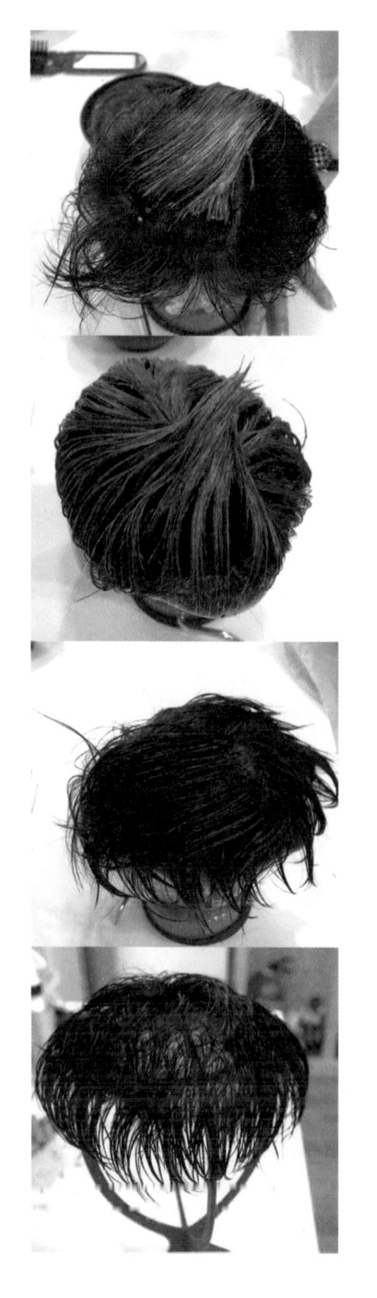

- 패션헤어의 염색은 제조 과정에서 산화 처리를 통해 큐티클을 없앤 모질이기 때문에 큐티클 층이 열리는 시간이 불필요함
- 이로 인해 일반 고객 모발의 염색보다 세심하게 주의해야 함
- 얇아진 큐티클 층으로 인해 염색 성분이 다시 유출될 수 있어 시간이 지나면 색이 바랠 수 있는 특성을 가지고 있음
- 다양한 인모를 수거하고 혼모하여 큐티클을 제거함으로 기존에 가지고 있던 멜라닌의 양을 알 수 없게 되어 모발의 베이스의 색상을 분석할 수가 없음
- 이런 특성들로 인해 염색할 때는 밝은 색상보다 어두운 색상을 많이 사용하게 됨
- 염색하는 시간은 보통 15~30분 정도 소요
- 염색약이 스킨이나 패치, 망 부분에 묻으면 지워지지 않으므로 솔보다는 빗이 좋음
- 가급적 한 방향으로 빗질하고 염색약이 묻은 모발은 눌리지 않도록 주의
- 5~30분 이상으로 지나치게 방치하면 도리어 모발의 손상이 생김
- 샴푸 시 모발에 염색약이 묻으면 스킨이나 망에 묻지 않도록 패션헤어를 뒤집어 염모제를 제거. 샴푸 후 린스, 트리트먼트 작업을 하고 투명의 모발 전용 코팅을 추천함

패션헤어 펌

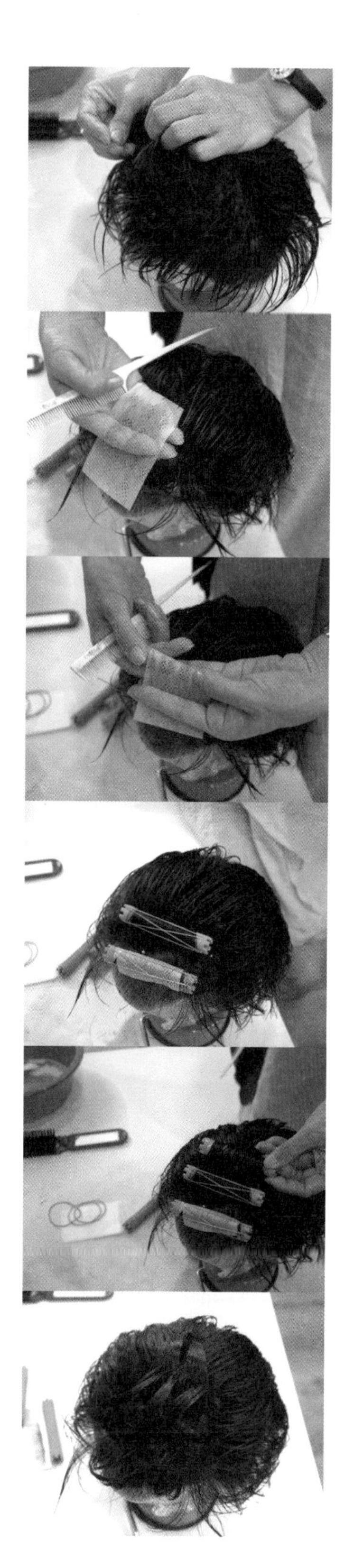

- 패션헤어는 상기에도 언급했듯이 모발의 큐티클 층이 제거된 상태이기 때문에 펌 작업 역시 주의를 기울여야 함
- 보통 일반 펌과 아이롱 펌 두 가지를 사용하는데 모질의 손상을 줄여야 하기 때문에 펌제를 모질 손상에 영향이 적은 손상모 용으로 사용하는 것이 좋음
- 일반 펌의 경우 너무 강한 웨이브를 선택한다면 모질이 손상되어 보일 수 있으므로 되도록 굵은 웨이브를 선택하는 것을 추천
- 그리고 고객과 패션헤어의 모발을 동시에 작업할 경우 큐티클 층에 침투 시간이 다르기 때문에 시간차를 이용해 먼저 고객의 모발에 펌제를 도포해 연화를 시키면서 패션헤어의 모발에 바르는 것이 좋음
- 아이롱 펌의 경우 주로 남성용 패션헤어의 C컬이나 올백스타일을 연출할 때 사용되며 곱슬머리 고객의 경우는 패션헤어보다는 고객의 모발에 볼륨매직을 하는 것이 자연스러움
- 펌의 시간은 손상모임을 감안하여 보통 10~15분이 걸림

패션헤어 샴푸

패션헤어는 관리를 잘하지 못하면 아무리 잘 만들어진 패션헤어라고 하더라도 수명이 오래 가지 못함

정상적인 인모Human Hair도 관심을 갖고 관리를 하지 않으면 손상이 생기듯 패션헤어 또한 세심한 관리를 해야 함

전문 관리사에게 주기적으로 관리를 받는 것이 필요함

샴푸 시기

샴푸는 패션헤어를 착용하는 고객이 숍을 내방했을 때 필수적인 과정으로 차가운 물이나 미지근한 물에 샴푸를 사용하는 등 올바른 샴푸 방법을 사용하지 않으면 패션헤어의 수명을 단축할 수 있으므로 착용하는 고객에게도 충분히 숙지시켜 올바른 샴푸를 할 수 있도록 해야 함

클립형의 패션헤어는 보통 7~10일 간격으로 샴푸해 주는 것이 좋고 고정형은 부착 상태에 따라 2~7일 정도로 해주는 것이 좋음

패션헤어 가발 샴푸 방법

- 샴푸하기 전, 스킨이나 패치 부분의 테이프에 인모Human Hair가 붙어 있는지 확인하고 인모가 빠지지 않게 주의해야 함
- 인조모 패션헤어와 달리 인모패션 헤어는 젖어 있을 때 브러싱을 하지 않고 자연 건조한 이후 브러싱을 하면서 스타일을 내야 함
- 미지근한 물을 반 정도 채운 세면기에 샴푸를 적당량 풀어 넣음
- 세면기에 가발을 넣고 쿠션 브러시로 머리끝에서 뿌리 쪽으로 엉킨 머리를 풀면서 빗질함
- 빗질을 할 때는 망스킨 중앙에서 망스킨 바깥쪽으로 함
- 패션헤어의 오염이 제거될 정도로 거품이 나게 머리카락을 빗질해 줌 스프레이를 뿌린 가발은 묻은 부분의 모발에 칫솔로 비누를 묻혀 5~10분 정도 방치 후 세척 함
- 세척이 다 되면, 세면기에 맑은 물을 다시 받아 문지르지 말고, 농구공 튀기듯이 여러 번 눌러서 헹구어 줌
- 제품의 헹굼이 끝나면, 제품의 안쪽을 잡고 턴 후, 마른 수건으로 살짝 눌러 물기를 제거함
- 가발 스탠드에 제품을 올려놓은 뒤 진주 핀으로 고정하고 약한 드라이 바람으로 말림
- 드라이할 때 앞쪽과 뒤쪽으로 가르마 없이 빗질해 주면, 모발에 볼륨감을 줄 수 있음
- 앞이마 헤어 라인에 맞추어 클립을 고정한 후 빗으로 자연스러운 스타일을 만듦
- 필요에 따라 스타일링 제품으로 형태를 세팅함

패션헤어 커트

준비 도구

틴닝 가위
Thinning Scissors

커트된 부위가 뭉쳐 보이거나 숱이 많은 부분을 자연스럽게 하는 가위로 가발의 커트함에 있어 틴닝가위는 매우 큰 역할을 한다. 가위 날이 요철 모양의 날로 가위 살이 고울수록 숱을 쳐내는 양이 적고 **블런트 커트**Blunt Cut보다는 **너칭 커트**Notching cut를 하여 무딘 느낌을 감소시키는 것이 좋다.

미용 가위

이발을 할 때 주로 사용하는 7인치 정도의 장 가위와 미용할 때 사용하는 4인치의 단 가위가 있다.

레이저 칼
Razor

커트 시 사용하는 칼로 면도날처럼 생겼고 자연스러운 커트 모양을 연출할 때 사용한다.

커트 후 자연스러움은 가장 크지만 모발 손상도는 크다.

커트 빗
Comb

커트 시 반드시 필요한 것이 빗이다. 머리 길이나 사용자의 특징에 맞는 빗을 선택한다.

헤어 클리퍼
Hair clipper

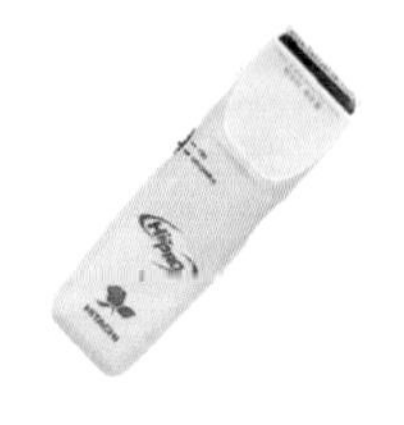

깔끔하게 처리될 부분에 사용한다. 주로 남자들의 뒷머리 즉, 상구형이나 스포츠형 머리 커트 시 사용된다.

일반 가발 커트

- 가발의 커트는 사람 머리를 커트할 때와는 사뭇 다르므로 커트 방법과 방식 면에서 차이가 난다. 가발의 커트는 가위로 커트하기보다는 틴닝가위 혹은 레이저 커트를 주로 한다. 틴닝가위는 가발 전체 모량의 조절과 레이저 커트는 본머리와의 자연스러움을 연결하는 데 중요한 역할을 하기 때문

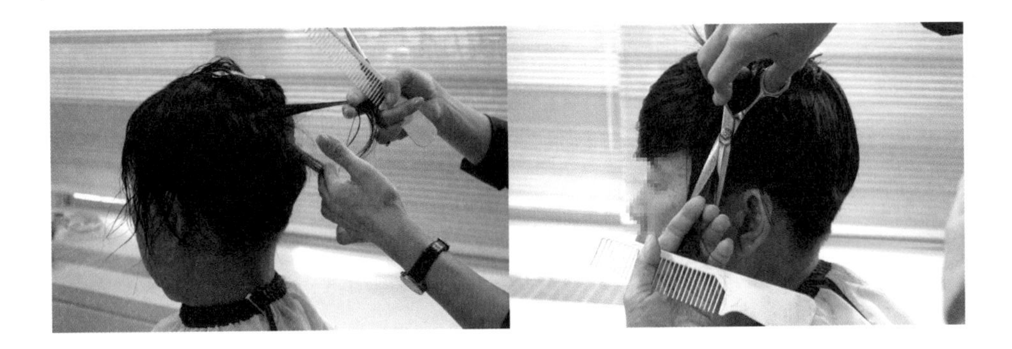

레이저 칼 Razor 커트

- 인모나 가발의 커트함에 있어 레이저는 가장 자연스러운 커트 방법이기는 하지만 손상도가 높기 때문에 시술 시 주의를 요함
- 물을 충분히 적신 후에 약 1~2㎝ 간격의 슬라이스로 고운 빗질을 한 다음 섹션이 평평한 가운데 손목의 자연스러운 회전 운동으로 커트를 한다. 칼날은 섹션과 수평을 이루어야 하며 긁기보다는 매끄러운 스트록을 하는 느낌으로 시술함
- 레이저 커트는 테이퍼링Taperring 으로 이어짐을 예상하고 커트함

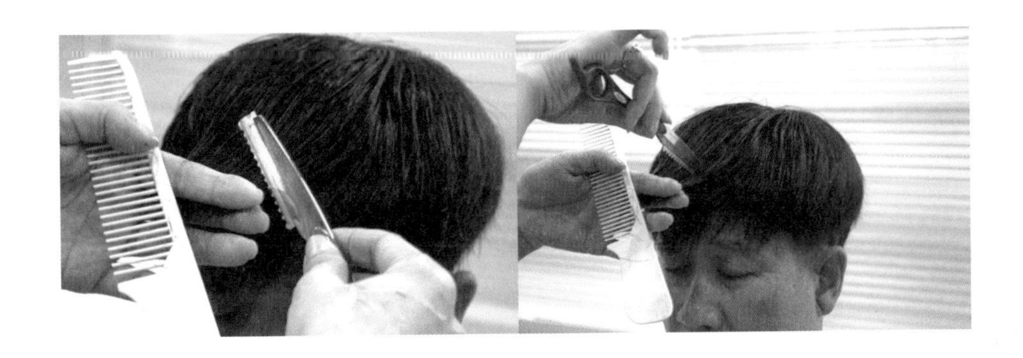

틴닝 Thinning 가위 커트

- 틴닝Thinning은 머리 길이는 그대로 두고 전체 머리숱의 감소를 목적으로 하고 패션헤어의 틴닝은 자신의 머리와 같은 느낌을 주기 위한 자연스러움을 줌
- 커트함에 있어 커트의 방법 중 테이퍼링이 있는데 이것은 끝이 붓끝처럼 가늘어지는 것을 말하는 것으로 틴닝과 테이퍼링의 적절한 커트 기술이 필요함
- 커트를 할 때의 방향은 가로로 하기보다는 보편적으로 세로 커트를 많이 함
- 수분이 충분한 상태에서 섹션을 2㎝ 간격으로 하고 빗질이 잘된 상태에서 실시하며 커트해야 할 지점에서 모발 끝으로 가능한 많은 횟수로 틴닝해 나감
- 커트 속도는 약하게 시작하여 점차 빠른 동작으로 힘과 속도를 냄
- 헤어스타일에 따라 슬라이스 및 커트 각도를 조절하며 커트 시작 지점을 잘 조정함

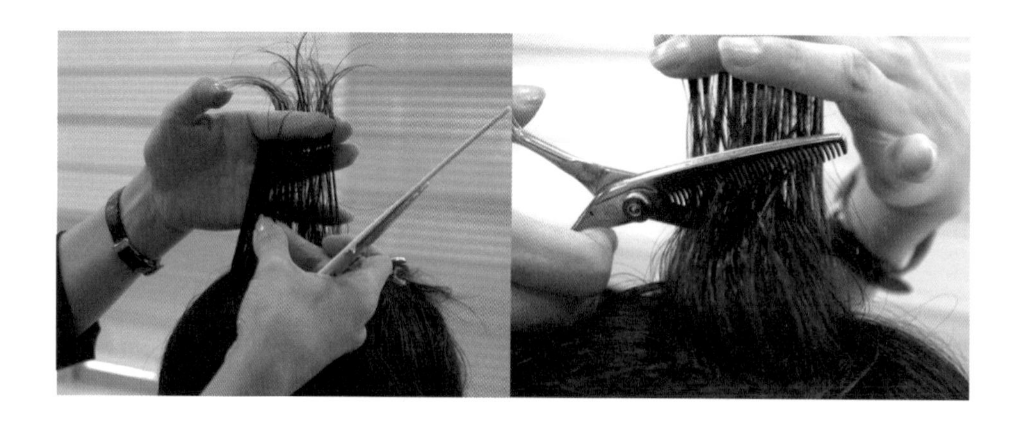

패션헤어 드라이

전두 패션헤어의 드라이 방법

- 남성의 전두 패션헤어는 사이드 부분과 네이프 부분에 민감함
- 여성의 전두 패션헤어는 볼륨과 컬을 잡겠다고 과도한 드라이를 사용하지 말고 세팅 롤을 활용하는 것이 좋음
- 출고 시 스타일 되어 있던 웨이브를 살려 주는 것이 좋음
- 스타일제는 유분과 영양을 보충해 줄 수 있고 물에 잘 씻기는 제품을 사용함

부분 패션헤어의 드라이 방법

- 고객 모발과 패션헤어의 모발 경계를 최대한 자연스럽게 연결해주고 Top 부분의 볼륨을 적당히 살려야 함
- 고객이 직접 홈 케어가 가능하도록 손쉬운 방법으로 스타일을 잡아 줌
- 드라이 바람으로 모발 뿌리 부분의 볼륨을 살려준 후 손으로 원하는 방향으로 잡아 줌
- 답답하지 않게 프런트 부위에 드라이의 날을 세워 뿌리 부분이 이마에 닿지 않도록 세워 줌
- 스타일제는 유분과 영양을 보충해 줄 수 있고 물에 잘 씻기는 제품을 사용함
- 자연스러운 빗질로 모류의 방향만 잡아주고 자연 건조하는 것이 가장 좋으나 부득이 드라이를 사용해야 한다면 차가운 바람으로 드라이해 주는 것이 모발 손상에 좋으며 스타일링을 원한다면 신속하게 미열로 스타일을 잡아주는 것이 좋음
- 볼륨을 주어 생동감이 살아나는 것은 좋으나 과한 볼륨은 도리어 어색함을 불러일으킬 수 있으니 남성 고객의 경우는 핸드 드라이로 여성 고객에게는 롤을 활용해 스타일을 잡아 줌

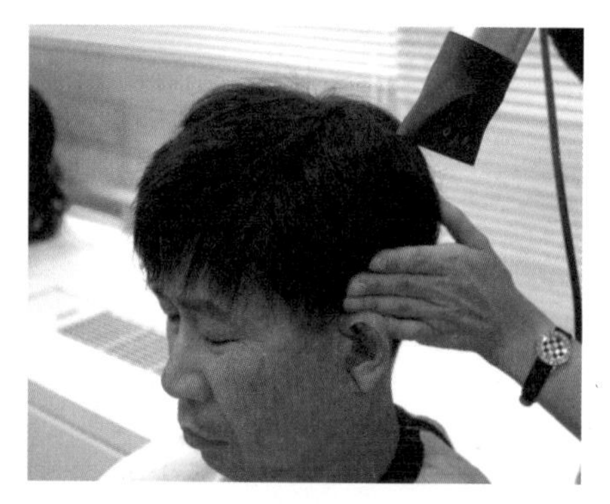

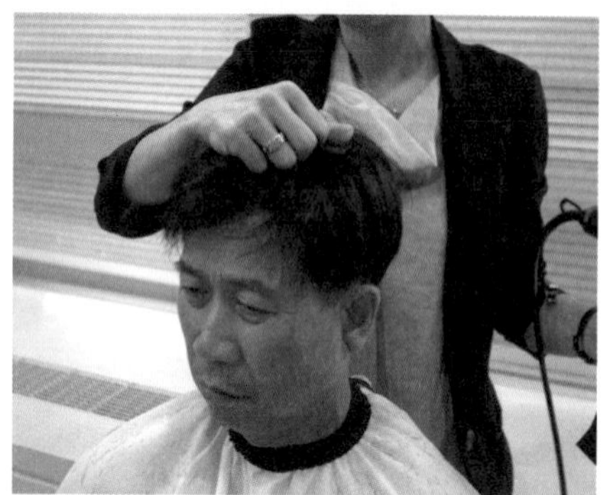

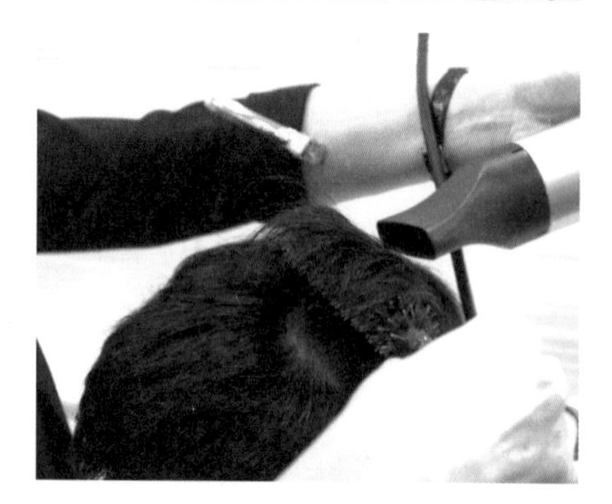

- 이때 고객에게 홈 케어에 대한 아래 내용을 충분한 설명을 해주어야 함
- 탈부착 방식은 고객이 직접 샴푸하고 착용까지 해야 함을 인지시킬 것
- 프런트 라인은 너무 강하지 않게 적은 양의 테이프를 사용할 것
- 프런트 라인을 먼저 정확하게 잡아주고 사이드의 균형을 먼저 맞출 것
- 프런트 부분을 우선 부착하고 사이드의 클립이나 테이프를 고정할 것

패션헤어 보관

패션헤어의 수명을 늘리고 자연스러운 연출을 위해서는 보관이 가장 중요한 관건

보관과 관리 시 주의점

· 노폐물 제거는 빗을 사용하되 브러싱은 자주 하지 말 것

· 바닷물이나 빗물에 노출되었을 경우 귀가 후 즉시 샴푸할 것

· 자연바람이나 저온의 드라이 바람으로 말리고 보관할 것

· 태양 빛을 피하고 그늘진 실온에 보관할 것

· 장기간 사용하지 않을 경우 전용 스탠드에 망을 씌워 보관할 것

· 아래와 같이 전용 패션헤어 스타일러가 개발되어 건조 시 음이온을 통한 모발 보호 기능과 살균 소독 기능을 가지고 있어 실용적이며 매장 및 고객들의 편리함을 주고 있음

알다빈치의 패션헤어 전용 스타일러

11.

가발 매장

Fashion-Hair 매장 창업

1. 창업예비절차

- 사업구상
- 사업핵심요소 결정
  - ·패션헤어 및 취급상품 선정
  - ·자본규모 결정
자금조달계획 결정
  - ·사업형태 결정
대리점/자영업
  - ·기타 요소 결정
- ·상권 및 시장분석
·사업계획서 작성
사업전략 포함
- ·상품 주요공급처 협의
·자금준비 및 조달

2. 점포입지선정절차

- 후보상권 및 시장조사
- 입지타당성 조사
상권 및 시장분석
- 점포입지 결정
- 점포계약조건 및 하자확인
- ↓ **점포계약체결** 매매/임차
- ↓ 점포등기부등본열람 / 매매가·임차료확인 / 권리금확인 / 임차기간·명도일확인 / 기타특별조건확인

3. 개업준비절차

- 직원채용
- 실내인테리어·집기배치
- 상품수급계약
- 상품매입·진열
- 개업안내문
- 사업자 등록 신청
- 영업 개시

패션헤어가발마스터의 직책별 역할

매장 패션헤어디자이너 펌, 염색, 커트 등 전반적인 헤어스타일 연출

매장 매니저 상담, 패션헤어디자인, 패션헤어관리, 고객관리 등 전반적인 매장 관리

공장 매니저 제조 단계를 관리할 수 있는 전반적인 관리자

창업주 소자본 창업이 가능한 1인 오너 체계 가능

공장 패션헤어 디자이너 패션헤어 제작의 중요 단계인 형태의 디자인

도매상인 관리자 도매상들의 상품과 소매상들과의 중간 카운슬러

전문 강사 패션헤어마스터 양성 강사

패션헤어가발마스터의 역할

어느 직업보다도 수요고객의 특수성으로 인해 상담은 중요함

고객이 패션헤어를 착용하고자 하는 이유를 정확하게 파악함

탈모용 VS 패션용?

인모Human Hair가 없어서 그 빈 부분을 보충하기 위한 것인지 아예 가리기 위한 것인지 짧은 머리를 길게 연출하여 이미지 변신을 위한 것인지 빠른 판단을 내려 상담에 임해야 함

탈모 고객 대상 역할

지속적인 두피와 모발의 변화, 라이프 스타일, 영양 상태, 스트레스 지수 관리 등 고객에 대한 홈 케어 및 숍에서의 A/S, 수선, 보완과 같은 밀착 관리가 필요하고 스타일의 연속성을 위해 약간의 미용적 측면으로 커트, 염색, 펌 등의 스타일링을 위한 관리를 통해 불안감 해소와 만족도를 높이는 역할

고객응대

카운셀링 방법 및 자세

· 패션헤어 관련 고객을 카운슬링하려면 내적으로는 고객의 성향과 심리 상태를 파악해야 하며 외적으로는 고객의 인상과 얼굴 형태의 분석, 현재의 모발, 피부 상태, 탈모 여부 등을 잘 살펴야 함

· 고객의 타입, 이미지, 취향을 파악하여 고객이 원하는 스타일을 조합하고 최종적인 이미지를 결정하며 전문가적 시술을 통해 사후 관리에 대한 조언까지 곁들이면 고객의 신뢰도는 한층 높아질 것임

· 현재 탈모증이 있는 사람은 상담사의 상상을 초월할 정도로 심한 고민을 하고 있음

· 자신감 결여에서 오는 대인관계 공포증, 내성적인 성격, 자기와 타인과의 비교에서 오는 우울증 등 여러 문제점을 안고 생활하기 때문에 상담할 때 억양을 높이거나 자기주장대로 이끌고 나가면 안 됨

· 종전부터 나와 잘 아는 관계에 있는 사람으로 자세히 설명하며 이해를 시킨다는 식으로 대하며 항시 부드러운 자세와 온화한 인상을 주도록 노력하여야 함

· 설명하는 속도는 발음을 정확히 하여 알맞은 정도의 속도를 유지시키고 상담실을 비롯한 전반적인 사무실의 분위기를 밝고 깨끗하게 처리하여 방문자들이 스스로 의지하고 싶은 마음과 신뢰성이 깊이 생길 수 있도록 해야 함

· 상담자는 방문자고객의 신분과 직위에 관계없이 한 사람 한 사람 동등하게 대해야 하며, 친절을 기본으로 항상 고객 입장에서 생각하고 자신이 탈모증이 있는 상태라고 생각하면서 상담에 임하면 쉽게 상대방의 입장을 이해할 수 있을 것임

· 패션헤어미스터는 제조업체, 유통업체, 전문매장 등 전문제품을 취급하는 업체부터 연극, 영화사, 학교, 학원 등 교육기관이나 문화장 등 다양한 분야에서 일을 하게 됨

· 특성상 고객 한 사람만을 보더라도 보통 10~20년 정도 장기적인 고객으로 관리하는 경우가 대부분. 따라서 직업에 대한 가치관이나 직능에 대한 우수성이 없다면 오랜 기간 관리한다는 것은 쉽지 않은 일임

예 안경사가 전문성을 가지고 고객의 시력을 측정하고 도수와 얼굴의 유형에 맞는 디자인을 선별해 주듯이 패션헤어마스터는 제품의 제작에 관한 전문지식을 반드시 익히고, 고객의 평상시 라이프 스타일을 고려하여 제작 의뢰 시에 필요한 기능과 스타일을 연출해 줘야 함

· 특히 소재 선택에 있어 스킨의 색상, 인모와 인조모의 비율, 모발의 양과 형태, 컬러, 컬, 길이, 모류의 방향성과 수명 관계 등의 다양한 패션헤어 소재에 대한 기본적인 지식을 가지고 접근해야 함

· 이런 필수적이면서도 기초적인 지식과 기능을 가지면 숍의 운영뿐만 아니라 새로운 제품에 대한 창조적 개발도 가능한 것이 이 분야의 장점이라고 할 수 있음

· 패션헤어 고객의 카운슬링을 하기 위해서는 우선 전문적인 지식이 필요

· 기본적인 이론과 더불어 고객이 원하는 분야의 지식에 깊이가 있어야 함

예 고객의 잘못된 상식을 설명해 줄 수 있는 논리적이고 합리적인 표현을 갖추어야 함

· 고객이 방문하게 되면 직접 모발 상태와 두피 상태를 살펴보고 고객의 생활 습관 및 주변 환경, 직업과 관련된 여러 가지 질문과 상담을 통해 고객에게 올바른 정보를 제공한 후 패션헤어 착용 결정 여부는 고객의 결정에 따름

· 탈모 고객이라고 해서 무조건 패션헤어를 권유하지는 않음

· 현재 고객의 탈모 진행 상태에 따라 처방이 달라지는데 탈모 초기의 고객인 경우는 헤어 에디션 Hair Addition 을 권함

· 패션헤어가 아니라 자신의 인모 Human Hair 한 가닥에 인조 패션헤어를 엮어서 혹은 접착해서 2~3가닥이 되게 증모하는 방법

· 아주 자연스러운 모습과 사용 후 이질감 없는 편리함이 우수.
단 비용과 시간이 많이 드는 것이 단점

고객관계관리 CRM

· 우리 회사의 고객이 누구이고 무엇을 원하는지 조사하고 파악하여 원하는 제품과 서비스를 지속적으로 제공함으로써 고객을 오랫동안 유지시키고 이를 통해 고객의 가치를 극대화하여 수익성을 높이는 통합된 고객관계 프로세스를 **고객관계관리CRM** Customer Relationship Management라고 함

차별화된 고객서비스 → 확실한 피드백 → 최적의 온라인서비스 → 고객 중심

고객관리 전략

1. 차별화된 고객서비스를 제공

2. 확실한 피드백을 제공하여 고객의 의견에 귀를 기울이고 있다는 이미지를 주어야 함

3. 최적의 온라인 서비스를 제공하여 다양한 고객의 참여를 유도

4. 고객 중심으로 조직 전체를 변화함으로써 전 직원이 고객 관리를 효율적으로 수행하기 위해 기업 문화와 시스템 구축 필요

고객접점 MOT- Moment of Truth

고객접점MOT의 의미

- 스페인의 투우 용어인 'Moment De La Verdad'를 의미하는 것으로
- 마케팅 학자 리처드 노만R. Norman이 서비스 품질 관리에 처음 사용한 용어

- 포인트를 고객 접점MOT- 진실의 순간이라고 함

상황 및 장소에 따른 고객 접점MOT 포인트

- 고객과의 처음 만나는 접점의 중요성을 일컫는 말로 패션헤어 매장에서는 지속적인 고객과의 MOT가 이루어지고 있음

- 고객을 맞이하기 전에는 매장의 청결 상태나 각종 기계 및 설비들의 작동 여부 점검, 제품의 위생 점검 및 정리, 보충 등 적극적이며 즉각적인 응대를 준비하도록 함

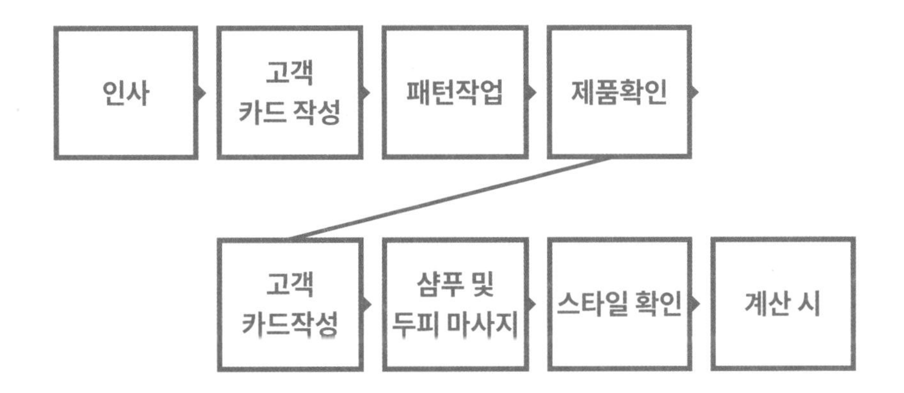

기타

안심을 이끌 수 있는 조언

· 자신의 머리인지 패션헤어인지 구분이 안 된다.

· 움직임에도 삐뚤어지지 않고 자연스럽다.

· 바람이 잘 통하여 냄새가 나지 않는다.

· 두피에 트러블이 생겨 불편할 일이 없다.

· 가려우면 긁을 수 있고 비듬이 안 생긴다.

· 부착하여 탈모가 생기지 않는다.

· 머리를 조이지 않아도 될 정도로 착용감이 없다.

좋은 패션헤어가발의 조건

· 좋은 패션헤어란 사용자에 의한 착용감, 편리함과 개인에게 보이는 자연스러운 모습이 연출될 것

· 인위적이지 않고 스타일이 자연스러우면서 가벼울 것

· 통풍과 땀의 발산이 수월하여 위생적이고 착용감이 좋아야 할 것

· 비, 바람, 눈 등에 스타일 유지되어야 할 것

· 장기간 착용에도 두피에 피부염 등 이상이 없을 것

· 운동, 수영 등 레저에 불안감이 없는 것

· 변색, 탈색되지 않을 것

· 샤워나 샴푸 시 건조와 스타일 내기가 쉬울 것

· 엉킴이 적고 마찰에 의한 정전기 발생이 적을 것

· 컬링, 커팅 등 스타일 연출이 쉬울 것

· 불편함이 없이 두상에 정확히 맞을 것

· 난연성 있어 착용 시 안전해야 할 것

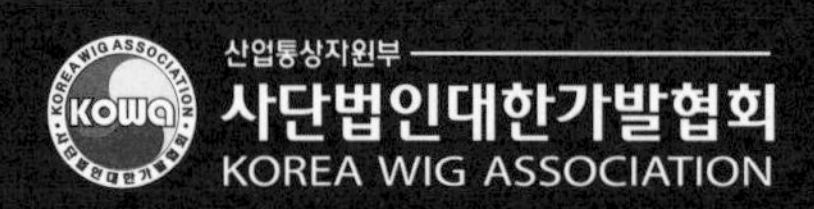
KOWA
산업통상자원부
사단법인대한가발협회
KOREA WIG ASSOCIATION

12.

필기문제

가발전문가 자격 과정 안내

Fashion-Hair Master란?

가발전문가Fashion-Hair Master**란** 가발에 대한 전반적인 지식과 고도의 기능으로 연출이 가능한 자로서 다양한 원인으로 탈모가 과도하게 진행되어 모발의 양이 현저히 적은 사람들을 커버하거나 · **부분 가발 · 전체 가발 · 패션 가발 · 익스텐션** 등 각종 악세사리들을 **염색 · 펌 · 커트** 등으로 가공하여 **스타일을 연출할 수 있는 전문가**를 말한다.

그리고 가발전문가들은 가발 전문 숍 센터, 연극, 영화 등의 연출자 코디, 미용실, 탈모 센터, 병원 등 다양한 분야에서 그 전문성을 인정받고 있으며 가발의 기술 발달, 연예인 광고, 신소재 개발 등으로 인하여 가발에 대한 인식이 좋아짐으로써 시장의 안정화와 발전에 기여하고 있다.

가발전문가의 역할

가발전문가 2급 Associate Fashion-Hair Master

가발에 관한 전문적인 지식을 갖추고 패턴에 따른 전문가Hair-Prosthetist로서 스타일 연출 및 관리 시술을 담당하는 전문가

가발전문가 1급 Top Specialist of Fashion-Hair Master

기초가발학을 바탕으로 좀 더 기능적이고 체계적인 관리 시스템을 적용하여 상담, 매니저 역할을 하는 전문가Master Hair-prosthetist이다.

국내가발강사 Instructor of Fashion-Hair Master

가발에 관한 전문적인 지식을 갖춘 전문가를 양성하기 위한 가발 전문 강사로서 산업에 필요한 지식, 지도, 현장 훈련 등의 업무를 수행한다.

국제가발강사 International Instructor of Fashion-Hair Master

가발에 관한 전문적인 지식을 갖춘 국제 전문가를 양성하기 위한 국제 가발 전문 강사로서 가발전문가에게 필요한 지식, 지도, 현장 훈련 등의 업무를 국제적으로 수행한다.

가발전문가 자격검정

KOWA 가발전문가 2급 필기 검정 기준

❶ 출제 및 평가 방법

객관식 4지 선다형 50문항 출제(2점*50문항= 100점)

합격 기준 100점 만점 60점 이상

❷ 시험 시간

필기 50분

❸ 출제 범위

KOWA 가발전문가 2급 교재 및 2급 예상 문제

KOWA 가발전문가 2급 실기 검정 기준

❶ 출제 및 평가 방법

제시 유형(작업지시서 작성+실기)

합격 기준 100점 만점 60점 이상

각 과정별 시술 시간과 체크 사항은 따로 표기한다.

❷ 평가 항목

고객 상담 카드 작성, 패턴 작업, 작업지시서 작성, 넛팅, 스타일 내기

❸ 시험 시간

실기 90분

❹ 채점 항목 및 배점

준비물(5점) KOWA 지정 규격 제품으로 일원화

실기 검정에 필요한 모든 준비물의 상태
복장 및 위생 상태

고객 상담 카드 작성(10분 / 15점)

고객 상담 카드를 정확히 작성함으로써 고객에 대한 전문인으로서의 인식 고취와 기초 상담의 중요성을 일깨워 주고, 진단 및 어드바이스를 함에 중요성을 더한다.

패턴 작업(20분 / 20점)

패턴의 두께, 양쪽 대칭, 디자인
고객의 탈모범위에 맞는 패턴을 작업함으로써 고객의 두상에 딱 맞는 투페를 제작할 수 있다.

작업지시서 작성(10분 / 20점)

상담 카드와 작업지시서의 일치성
탈모 범위에 맞는 패턴 작업이 이뤄지는지 체크
고객이 원하는 가발을 제작할 수 있으며 단점을 장점으로 보안하는 작업을 할 수 있다.

넛팅(30분 / 15점)

원사의 텐션 조절, 자연스러움
기초 넛팅(수제) 시 넛팅의 이해력과 텐션 조절 체크

스타일 내기(20분 / 20점)

투페와 본 헤어와의 조화
고객의 기존 헤어와 투페와의 조화, 자연스러움을 연출함으로써 가발 같지 않고 본머리와의 일치성

정리(5점)

주변 정리
작업지시서, 가발 디자인, 넛팅의 일치성과 디자인의 연출이 조화롭게 이뤄졌는지 체크

❺ **준비물** 응시표, 신분증, 필기도구, 실기 제품 일체

KOWA 가발전문가 1급 필기 검정 기준

❶ 출제 및 평가 방법

객관식 4지 선다형 100문항 출제

합격 기준 100점 만점 70점 이상

❷ 시험 시간

필기 100분

❸ 출제 범위

KOWA 가발전문가 1급 교재 및 1급 예상문제

KOWA 가발전문가 1급 실기 검정 기준

❶ 출제 및 평가 방법

제시 유형(작업지시서 작성+실기)

합격 기준 100점 만점 70점 이상

제시된 유형에 맞게 작업지시서를 작성한다.
각 과정별 시술 시간과 체크 사항은 따로 표기한다.

❷ 평가 항목

가발 디자인, 작업지시서 작성, 넛팅, 스타일 내기

❸ 시험 시간

실기 120분

❹ 채점 항목 및 배점

준비물(5점) **KOWA 지정 규격 제품으로 일원화**

실기 검정에 필요한 모든 준비물의 상태
시술자 및 모델의 복장 및 위생 상태

작업지시서 작성(10분 / 20점)

나만의 가발을 디자인하여 작업지시서를 작성한다.
작업지시서를 작성함으로써 새로운 디자인 가발을 연출할 수 있다.

가발 제작 디자인(40분 / 25점)

헤어스케치, 디자인 가발 도안
새로운 디자인을 구상하여 나만의 가발 디자인을 만들어낸다.
(준비물 품목 도구 모두 사용 가능, 스케치 디자인)

넛팅(20분 / 20점)

디자인에 맞게 넛팅 기법을 사용하였는지 체크
연출된 디자인과 넛팅 기법의 자연스러운 조화도에 중점을 둔다.

가발 스타일(50분 / 25점)

원사별 특징: 커트, 아이롱 기법
디자인 스타일을 연출한다.

정리(5점)

주변 정리
작업지시서, 가발 디자인, 넛팅의 일치성과 디자인의 연출이 조화롭게 이뤄졌는지 체크

❺ 준비물 응시표, 신분증, 필기도구, 실기 제품 일체

1. 가발의 역사

1. 고대 이집트 때부터 부의 상징, 자외선으로부터 두피 보호, 신분, 개성 등을 표현할 때 동물의 털이나 인조 머리카락 등으로 만들어 착용한 이것은?

① 비녀 ② 면사포
③ 모자 ④ 가발

2. 조선왕조 중이 이전에는 머리카락으로 만들어 사용했으며 후기에 오면서 왕비나 왕세자빈 외에는 나무로 된 것으로 사용했던 것은?

① 어여머리 ② 첩지머리
③ 떠구지머리 ④ 다리머리

3. 르네상스 시대에 대표적인 가발 애호가는 누구인가?

① 마리 앙투아네트
② 엘리자베스 여왕
③ 퐁파두르 부인
④ 백작 부인

4. 땋은 머리 모양을 무엇이라 하는가?

① 속발 ② 수발
③ 피발 ④ 변발

5. 현재 알려진 유물이나 기록을 추정해 보건대 한국 여성이 최초로 했던 머리 모양은?

① 피발 ② 속발
③ 수발 ④ 변발

6. 조선 시대 머리 모양이 아닌 것은?

① 밑머리 ② 트레머리
③ 대수 ④ 아환계

7. 고구려 벽화에서 고구려 남성의 대표적인 머리 모양은?

① 건괵 ② 쌍환계
③ 상투 ④ 비천계

8. 18세기 서양에서 동양 문화의 교류에 의한 만주인이나 퉁구스족의 머리형을 본떠서 만든 가발 스타일은 무엇인가?

① 페리 위그
② 풀 바텀
③ 라밀리 위그 위그
④ 피크 테일 위그

9. 삼국 시대에 머리 모양 표현은 계(髻)라 한다. 말에서 떨어졌을 때 모습처럼 보인다 하여 붙인 머리형인데 무엇인가?

① 고계 ② 추마계
③ 운계 ④ 사양계

10. 조선 시대 왕비의 의식용 머리 모양으로 불리는 것은?

① 트레머리 ② 대수
③ 얹은머리 ④ 관기머리

11. **우리나라 가발 역사에 대해서 가장 옳은 것은?**

① 머리숱이 적은 여인들이 다리를 달아 쪽진 것이 가발의 시초이다.
② 머리 모양을 표현하는 글자로 가장 오래된 것은 애넹이다.
③ 조선조 왕비들의 머리 형태는 거두미이다.
④ 새앙머리가 기생의 가체이다.

12. **한국 여성의 가발 시초인 것은?**

① 첩지머리　② 쪽머리
③ 얹은머리　④ 새앙머리

13. **가발의 역사에서 한국 여인들의 가발의 시초는 언제인가?**

① 고려　② 조선왕조 500년
③ 80년대　④ 삼국사기

14. **가발의 사용 목적 중 초기의 용도가 아닌 것은?**

① 햇볕 보호　② 신분 위장
③ 종교 및 권위　④ 탈모 및 패션

15. **가발 재료가 변화되었다. 다음 중 가발 재료가 아닌 것은?**

① 밀랍　② 종려나무 잎
③ 철사　④ 신문지

16. **한국에서의 가발에 대한 내용 중 아닌 것은?**

① 처음으로는 햇볕 보호용으로 사용되었다.
② 머리숱이 적인 여인들이 다리를 달아서 쪽을 짐
③ 조선 시대 신분과 권위 상징
④ 사치의 상징으로 사회적 병폐가 됨

17. **가발의 역사에서 최초 가발의 사용 목적은?**

① 대머리 감추기　② 분장
③ 멋내기　④ 햇볕 보호, 날씨

18. **피발에 대한 설명으로 옳은 것은?**

① 땋은 머리 모양　② 여성의 최초 머리
③ 묶은 머리　④ 길게 늘어뜨린 머리

19. **서양 가발의 역사 중 잘못 짝지어진 것은?**

① 이집트 - 빛깔은 검은색을 많이 사용했고 BC 12세기경에는 빨강, 파랑, 노랑, 초록 등 여러 가지 빛깔이 출현했다.

② 에트루리아 - 얼굴 근처의 머리를 전체적으로 올리며 가발을 사용하기도 하였다.

③ 르네상스 - 엘리자베스 1세 여왕은 주황색 가발을 많이 가지고 있었으며 탈모를 숨기기 위함이었다.

④ 고대 로마 - 남성은 대머리를 감추거나 변장을 하기 위해 가발을 사용했고 여성은 패션을 목적으로 사용했다.

20. **바로크 시대의 설명 중 틀린 것은?**

① 페리 위그, 풀 바텀 위그 등의 가발이 유행하였다.
② 여자들은 가발을 쓰지 않았다.
③ 남자들의 머리 모양은 여성스럽고 풍성했다.
④ 남자들의 헤어스타일은 뒷부분이 강조되었다.

Tip

3. 엘리자베스 여왕은 탈모를 감추기 위해 가발을 사용함

4. 변은 '땋을 변'으로 글자 그대로 머리 모양의 형상에서 비롯된 명칭

5. 속발 - 피발을 가장 단순한 형식으로 묶은 것
수발 - 머리카락을 늘어뜨린 형태

6. 조선 시대 머리 모양 - 밑머리, 딴머리, 가채머리, 트레머리, 관기머리, 대수, 거두미, 첩지머리 등

고려 시대 머리 모양 - 추마계, 조천계, 아환계, 쌍수계 등

8. 피크 테일 위그 - 길게 땋은 머리를 검은색 리본으로 감아주어 마치 돼지 꼬리처럼 보이고 머리끝과 뒷목에서 리본은 나비 형식으로 만들어 줌

9. 고계 - 높이 올렸다. 운계 - 구름처럼 보인다.
쌍계 - 상투를 두 개로 했다. 사양계 - 새앙머리 낭자계 - 낭자머리

10. 트레머리 - 가체와는 큰 차이가 없다.
얹은머리 - 머리 위에 얹힌 형태
관기머리 - 트레머리가 기생의 전매특허와 같은 머리 모양

11. 새앙머리 - 생머리 or 사양머리

12. 쪽머리 - 한국 여성들의 대표적인 전통 고전 머리

15. 가발의 재료 - 진흙, 밀랍, 양의 털, 말의 털, 종려나무 잎, 리넨, 루프, 인모

16. 고대 이집트 - 처음으로는 햇볕 보호용으로 사용되었다.

17. 가발은 고대 이집트에서 장식과 햇볕 보호용으로 처음 사용되었다.

18. 피발 - 한국 여성이 최초로 했던 머리 모양

19. 에트루리아 - 얼굴 근처의 머리를 나선형으로 곱슬곱슬하게 하고 몇 개의 가닥으로 땋았는데 이 땋은 머리가 바닥까지 내려왔으며 가발을 사용하기도 하였다.

20. 근세 로코코 - 남자들의 헤어스타일은 뒷부분이 강조됨

MEMO

1. ④	2. ③	3. ②	4. ④	5. ①	6. ④	7. ③	8. ④	9. ②	10. ②
11. ①	12. ②	13. ④	14. ②	15. ④	16. ①	17. ④	18. ②	19. ②	20. ④

2. 가발학이론

1. 가발은 여러 종류가 있으나 주로 남성들이 자신의 결점을 커버하기 위해 맞추는 가발을 무엇이라 하는가?

① 위그 ② 코스프레
③ 헤어피스 ④ 투페(Toupet)

2. 일반 탈모 가발의 종류로 적합한 것은?

① 전두용, 부분용 ② 붙임머리
③ 코스프레 ④ 증모술

3. 20세기 이후 가발의 목적으로 가장 적합한 것은?

① 종교
② 햇볕 보호
③ 탈모의 문제점 보완 및 스타일
④ 권위

4. 남성 탈모에 의한 부분 가발용으로 가장 적합한 것은?

① 멋내기 가발 ② 맞춤형 가발(Toupee)
③ 붙임머리 ④ 탑피스(Top Pieces)

5. 여성의 정수리와 가르마 부위에 모발이 가늘어지고 두피 표면이 드러나는 것을 보완하기 위한 볼륨을 강화한 가발용으로 가장 적합한 것은?

① 탑피스 ② 투페
③ 붙임머리 ④ 전두용 가발

6. 가발 사용 목적을 시대별로 순서에 알맞게 나열한 것은?

① 햇볕 보호-분장-변신
② 날씨-위장술-탈모, 멋내기
③ 햇볕 보호-종교, 권위-탈모, 멋내기
④ 종교, 권위-자신감-개성

7. 좋은 가발의 특징이 아닌 것은?

① 머리카락에서 반짝거리는 윤기가 나야 한다.
② 숱이 적당하고 가벼워야 한다.
③ 착용감이 좋아야 한다.
④ 변형이 없어야 한다.

8. 가발 착용으로 얻을 수 있는 효과는?

① 다이어트 ② 성형
③ 월급 인상 ④ 세련된 이미지와 자신감

9. 세대별 맞춤 가발 진화로 바르지 않은 것은?

① 1세대 - 80년대 주로 사용. 재질이 두껍고 투박함
② 1세대 - 앞 라인 처리를 없애고 망으로만 처리
③ 2세대 - 앞머리의 곱슬머리 처리로 올백스타일이 가능하게 된 시기
④ 3세대 - 자연스러움과 스타일에서는 환상적인 변화

10. 가발 전문가(패션헤어 마스터)를 서술한 것으로 옳은 것은?

① 탈모증 두피의 문제점을 보완하고 자연스러운 스타일로 외면의 아름다움을 유지시키기 위한 전문가를 뜻한다.
② 문제성 두피 및 모발 손상에 대해 상담하여 상태가 개선될 수 있도록 관리하는 전문가를 뜻한다.
③ 손님의 얼굴, 머리, 피부 등을 손질하여 외모를 아름답게 꾸며주는 전문가를 뜻한다.

④ 피부의 단점과 얼굴의 콤플렉스를 보완하여 자연스러운 피부 톤과 이미지 메이킹을 해주는 전문가를 뜻한다.

11. 세대별 맞춤 가발의 진화 과정으로 틀린 것은?

① 1세대 가발 - 80년대 주로 사용
② 2세대 가발 - 완성도가 올라감
③ 3세대 가발 - 투박하고 수명이 짧음
④ 4세대 가발 - 앞 라인 스킨을 없애고 망 처리

12. 가발의 종류로 볼 수 없는 것은?

① 투페 ② 익스텐션
③ 패션 가발 ④ 패치

13. 좋은 가발의 조건으로 옳지 않은 것은?

① 착용감이 묵직한 느낌이 있어야 한다.
② 통풍이 잘 되어야 한다.
③ 땀 흡수가 잘 되어야 한다.
④ 착용 시 트러블이 없어야 한다.

14. 패션 전용 가발로 적합하지 않은 것은?

① 마네킹용 가발 ② 연극용 가발
③ 코스프레용 가발 ④ 투페

15. 가발 선택의 중요성 중 적합하지 않은 것은?

① 통기성 ② 가벼움
③ 풍부한 모발량 ④ 편리한 관리

16. 가발의 기본 구조가 아닌 것은?

① 원사 ② 망
③ 패치 ④ 패턴

17. 가발 선택 시 고려할 사항이 아닌 것은?

① 오랜 경험을 가진 디자이너에게 의뢰한다.
② 가급적 브랜드를 방문하여 제작한다.
③ 금속이나 본드 알레르기가 있는 사람들은 클립식과 본드식을 피한다.
④ 염색과 펌의 가능 여부를 고려하고 인모 또는 인조모 제품으로 선택한다.

18. 가발의 전망에 대해 옳지 않은 것은?

① 60년대까지는 인조로만 만들어졌다.
② 72년에는 미국 수출 1위가 될 만큼 호황을 누렸다.
③ 1987년 이후 일손 부족, 가격 경쟁에서 뒤처지고 수출 부진으로 쇠퇴하였다.
④ 유행과 탈모로 인해 앞으로 가발 수요는 증가할 것이다.

19. 투페(Toupet)는 어떤 가발을 의미하는가?

① 부분 가발 ② 여성 가발
③ 패션 가발 ④ 남성 맞춤 가발

20. 패션 가발의 설명으로 옳은 것은?

① 전두용으로만 제작된다.
② 주로 항암용, 연극용, 마네킹용, 코스프레용으로 사용된다.
③ 비싼 원가로 100% 인조모로만 만들어진다.
④ 여성용으로만 만들어진다.

21. 가발의 종류로 볼 수 없는 것은?

① 레미모 ② 맞춤 가발
③ 패션 가발 ④ 익스텐션

Tip

1. 남성형 탈모의 맞춤 가발을 투페(Toupet)라 칭함

2. 패션용 가발 - 멋내기 가발, 붙임머리, 탑피스, 전두용, 반두용 가발 등

3. 20C 이전 고대 이집트에서부터 햇볕 보호, 날씨, 종교, 권위, 탈모, 멋내기로 사용됨

4. 패션용 가발 - 멋내기 가발, 붙임머리, 탑피스, 전두용, 반두용 가발 등

5. 투페 - 남성용 탈모용 가발

붙임머리 - '잇는다'란 뜻의 익스텐션은 축모를 가진 흑인들의 모발을 길어 보이게 하려고 사용

전두용 가발 - 전체 패션 가발 또는 맞춤용 원형 탈모, 항암치료 등으로 전체적으로 머리숱이 없거나 빈약한 사람들이 착용

7. 탈모인들이 위축되어있고 저하된 자신감을 가발을 착용함으로써 회복 가능

8. 좋은 가발은 원래의 모발과 자연스럽게 연출되어야 하며 빛을 흡수하여 반짝임이 없어야 함

9. 4세대 - 앞 라인 처리를 없애고 망으로만 처리

10. 가발전문가(패션헤어마스터)란?

탈모증 두피의 문제점을 보완하고 자연스러운 스타일로 외면의 아름다움을 유지시키기 위한 전문가를 뜻한다.

11. 3세대 - 자연스러움과 스타일에서는 환상적인 변화

12. 패치 - 투페의 구조에서 테두리(둘레) 부분을 말함

13. 가발의 착용 시 편안하고 가벼움을 느껴야 함

14. 패션 가발의 종류 - 항암용, 마네킹용, 연극용, 코스프레용, 앞머리, 전두용, 반두용 등

15. 가발 선택 시 중요성 - 환기성, 통풍성, 가벼움, 자연스러움, 편안함

16.

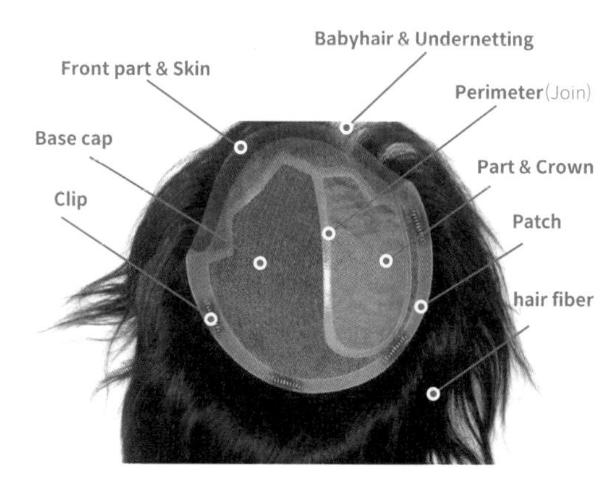

18. 60년대까지는 인모로만 만들어짐

19. 투페(Toupet) - 두상에 딱 맞게 제작되는 남성형 맞춤 가발을 말함

20. 패션 가발 - 인모와 인조모로 제조되며 패션을 위한 다양한 용도로 사용됨

21. 레미모 - 인모로서 모류가 한 방향으로 큐티클층이 남아있는 모발

MEMO

1. ④ 2. ① 3. ③ 4. ② 5. ① 6. ③ 7. ① 8. ④ 9. ② 10. ①
11. ③ 12. ④ 13. ① 14. ④ 15. ③ 16. ④ 17. ④ 18. ① 19. ④ 20. ②
21. ①

3. 두피모발생리학

1. 두개골의 구조에 대한 설명 중 틀린 것은?

① 두개골은 뇌를 담고 보호하고 있다.
② 두개골은 15개의 안면골과 8개의 뇌두개골로 이루어져 있다.
③ 두개골은 딱딱한 해면골이 바깥쪽을 이루고 그 사이에 성긴 치밀골로 되어 있다.
④ 두개골은 두 개를 구성하는 여러 개의 머리뼈 중에서 뇌두개골을 구성하는 뼈를 뜻한다.

2. 두개골 중에서 머리의 양측 면의 위치한 한 쌍의 뼈로 관골과 연결되며, 평형 청각기의 가장 중요한 부분을 수용하고 있으며 많은 자율신경이 지나가는 뼈는 무엇인가?

① 전두골　　② 두정골
③ 측두골　　④ 후두골

3. 피부에 대한 설명 중 틀린 것은?

① 표피, 진피, 피하지방 조직으로 형성되어 있다.
② 두피는 두개골을 싸고 있는 피부이며 표면이다.
③ 외부환경과의 접촉으로부터 인체의 내부기관을 보호한다.
④ 피부는 인체 기관 중 가장 좁은 영역을 차지하는 기관이다.

4. 표피층에 대한 설명으로 올바른 것은?

① 표피층은 피부의 가장 바깥층이다.
② 각질층은 표피층의 가장 아래층으로 단층이다.
③ 표피층이 없어도 살아가는 데는 아무 문제가 없다.
④ 표피는 기저층과 유극층의 2개 층으로 구성되어 있다.

5. 표피층에서 가장 두꺼운 층이며 랑게르한스 세포가 존재하고, 다각형의 세포가 5~10층으로 구성되며 기저층을 통하여 들어온 림프액이 순환하고 있는 층은?

① 기저층　　② 유극층
③ 과립층　　④ 각질층

6. 다음 중 두피의 기능이 아닌 것은?

① 더위, 추위로부터 보호 기능
② 냉감, 온감 등의 감각 기능
③ 수분 등의 필요한 물질 흡수
④ 표피에서 자외선에 의해 비타민E 합성

7. 교원 섬유와 탄력 섬유로 구성되어 있으며, 피부의 90% 이상을 차지하는 층은?

① 표피층　　② 진피층
③ 피하지방층　　④ 모세혈관층

8. 다음 중 충격 흡수와 근육 보호, 체온 방지 기능을 하는 지방 세포로 이루어진 조직은?

① 표피층　　② 진피층
③ 피하지방층　　④ 모세혈관층

9. 모발을 감싸며 지지하고 보호하는 부분으로 내모근초와 외모근초로 구성된 것은?

① 모낭　　② 모구
③ 모유두　　④ 모모세포

10. 두피에 존재하는 모발의 수는?

① 10개　　② 1만 개
③ 10만 개　　④ 100만 개

11. 피지의 하루 평균 분비량은?

① 1~2g ② 5~10g
③ 40~50g ④ 100g

12. 모발을 성장시키는 세포는?

① 각질세포 ② 모모세포
③ 피지선세포 ④ 혈관세포

13. 모간부에 대한 설명으로 올바른 것은?

① 모간부는 모표피, 모피질, 모수질로 구성되어 있다.
② 모표피는 모발의 가장 안쪽 부분으로 비늘 모양으로 겹쳐져 있다.
③ 모피질은 모발의 10~15%를 차지하며 모발의 유연성과 강도를 결정짓는 주요 부분이다.
④ 모수질은 모발의 중심에 있으며, 속이 케라틴으로 꽉 채워져 있다.

14. 모발의 성장주기에 대한 설명으로 올바른 것은?

① 모발의 성장기는 약 2~25년이다.
② 퇴행기 모발은 전체 모발의 10~15%이다.
③ 휴지기 모발의 모모세포는 활발하게 세포 분열을 한다.
④ 휴지기 모발의 유지 기간은 약 3~5개월이다.

15. 모발이 세포 분열을 통하여 쉬지 않고 계속 성장하는 시기는?

① 성장기 ② 퇴행기
③ 휴지기 ④ 기본기

16. 모주기에서 휴지기 모발의 정상 비율은?

① 10~14% ② 35%
③ 70~84% ④ 85~90%

17. 모발의 특성에 대한 설명으로 틀린 것은?

① 모발은 형상에 따라 직모, 파생모, 축모로 구분할 수 있다.
② 모발은 굵기와 발생 시기에 따라 취모, 연모, 경모로 구분한다.
③ 모발은 약 80~90%의 단백질, 10~20%의 멜라닌 색소로 구성되어 있다.
④ 모발을 적시면 길이 1~2%, 두께 12~15%, 중량 30~40%가 증가한다.

18. 모발의 주성분은?

① 수분 ② 지질
③ 케라틴 ④ 비타민

19. 건강한 사람의 일반적인 하루 탈모량은 얼마가 정상인가?

① 10~20개 ② 34~46개
③ 60~80개 ④ 150~200개

20. 다음 중 지성 두피의 특징인 것은?

① 약한 자극에도 두피가 예민하게 반응한다.
② 두피의 피지 분비가 비정상적으로 활발하여 염증이나 비듬, 탈모를 유발하기 쉽다.
③ 두피의 수분과 유분의 밸런스가 깨어져 건조하여 각질 및 가려움증이 유발되기 쉽다.
④ 수분과 유분의 밸런스가 조화를 이루어 두피 색상이 맑고 깨끗하며 동일한 톤을 이룬다.

Tip

1. 딱딱한 치밀골이 바깥쪽에 있고, 그 사이에 성긴 부분은 해면골

2. 두개골 중에서 머리의 양측 면에 위치한 한 쌍의 뼈는 측두골

3. 피부는 인체 기관 중 가장 넓은 기관을 차지

4. 피부는 표피층, 진피층, 피하지방층으로 구성되어 있으며, 표피는 4~5개 층으로 구성

5. 랑게르한스 세포가 존재하는 곳은 유극층

6. 표피에서 자외선에 의해 비타민D 합성

7. 진피층은 피부의 90% 이상을 차지한다.

8. 피하지방층의 기능은 충격 흡수, 근육 보호, 체온 방지

9. 모낭은 모발을 감싸고 있다.

10. 동양인은 약 10만 개 정도의 모발을 가지고 있다.

11. 피지의 하루 평균 분비량은 1~2g이다.

12. 모모세포가 분열하여 모발 성장

13. 모표피는 가장 바깥 부분이며, 모피질은 모발의 85~90% 차지. 모수질은 속이 비어있는 동공으로 되어 있고 그 안에 공기 함유

14. 모발의 성장기는 3~5년, 퇴행기는 전체 모발의 1~3%, 휴지기는 모모세포 분열 멈춘 상태

15. 성장기는 모발의 세포 분열이 쉬지 않고 일어나는 시기

17. 구성 비율
    단백질(80~90%), 멜라닌 색소(3%), 지질(1~9%), 수분(10~15%), 미량 원소(0.6~1%)

18. 모발을 구성하는 주성분은 케라틴 단백질

19. 건강한 사람의 하루 정상 탈모량은 60~80개

20. ① 민감성 두피 ③ 건성 두피 ④ 중성 두피

MEMO

1. ③	2. ③	3. ④	4. ①	5. ②	6. ④	7. ②	8. ③	9. ①	10. ③
11. ①	12. ②	13. ①	14. ④	15. ①	16. ①	17. ③	18. ③	19. ③	20. ②

4. 탈모

1. 다음 중 직접적 혹은 간접적으로 탈모를 유발하는 원인이 아닌 것은?

① 유전　　② 휴식
③ 질병　　④ 스트레스

2. 유전, 스트레스 등의 원인에 의해서 나타나는 탈모증의 생리적인 변화가 아닌 것은?

① 혈행 장애　　② 발열
③ 내분비 이상　　④ 면역력 강화

3. 인체는 스트레스를 받으면 근육을 수축시키는 물질을 분비시킨다. 이런 현상이 모발에 미치는 영향이 아닌 것은?

① 산소 공급이 제대로 이루어지지 않을 수 있다.
② 모발에 영양 공급이 제대로 되지 않을 수 있다.
③ 혈액 순환이 원활하게 이루어지지 않을 수 있다.
④ 스트레스로 인한 근육 수축은 모발에 별다른 영향을 미치지 않는다.

4. 탈모가 진행되면서 두피에 나타나는 특징들에 해당하지 않는 것은?

① 모근의 손상　　② 두피의 손상
③ 모주기의 회복　　④ 모발의 발육 이상

5. 다음은 탈모가 진행될 때 인체에 나타나는 여러 가지 현상들에 대한 설명이다. 올바르게 설명하고 있는 것은?

① 모든 약물은 직접적으로 탈모를 일으킨다.
② 탈모 유전자는 발견되었고, 현재 유전자 치료가 가능하다.
③ 스트레스는 인체에 여러 가지 나쁜 영향을 미치지만, 탈모와는 큰 상관이 없다.
④ 남성호르몬인 테스토스테론이 5-알파-리덕타아제와 결합하여 DHT가 생성되어 탈모에 관여한다.

6. 다음 중 남성형 탈모증을 분류하는 방법으로만 연결된 것은?

① 해밀턴 분류법 - 오가타 분류법 - YKS 남성형 탈모증 분류법
② 해밀턴 분류법 - 루드비그 분류법
③ 해밀턴 분류법 - 노우드 분류법 - 루드비그 분류법
④ 해밀턴 분류법 - 오가타 분류법 - 루드비그 분류법

7. 남성형 탈모증의 분류 형태가 아닌 것은?

① M형　　② O형
③ A형　　④ M+O형

8. 남성형 탈모증의 일반적인 형태가 아닌 것은?

① M자 부위가 점점 넓어지는 탈모
② 뒷머리부터 점점 가늘어지는 탈모
③ 헤어 라인이 점점 뒤로 넘어가는 탈모
④ 정수리 부분의 가르마가 점점 넓어지는 탈모

9. 여성에게 주로 나타나며, 가르마를 기준으로 점점 넓어지고 두정부 부위의 모발이 감소하는 탈모증은?

① 여성형 탈모증　　② 휴지기 탈모증
③ 산후 탈모증　　④ 비만성 탈모증

10. 다음 중 원형 탈모가 진행된 부위의 특징을 맞게 설명한 것은?

① 원형탈모증은 항상 비듬과 염증을 동반한다.
② 원형탈모증은 두피의 가르마 부위부터 빠져나간다.
③ 원형탈모증은 약물의 부작용에 의해서만 나타나는 증상이다.
④ 원형탈모증은 500원 정도의 동그란 동전 모양으로 빠져나간다.

11. 두피에 흔하게 감염을 일으키는 미생물이 아닌 것은?

① 세균 ② 곰팡이
③ 아메바 ④ 모낭충

12. 환절기, 수술, 병중, 병후, 약물 부작용, 출산 등의 원인에 의해 휴지기 모발의 비율이 증가하고, 휴지기 모발이 3~5개월을 채우지 못하고 일찍 탈락되는 경우는 어떤 탈모증인가?

① 남성형 탈모증 ② 여성형 탈모증
③ 휴지기 탈모증 ④ 압박성 탈모증

13. 다음 중 병원 치료 방법을 모두 고르시오.

a. 모발 이식	b. 피나스테라이드 처방
c. 메조건을 이용한 메조테라피	

① a ② a. b
③ a. b. c ④ 모두 병원 치료 방법이 아니다.

14. 다음 중 집중적인 영양 공급으로 손상된 진피층을 안정시키며 두피 저항력을 강화해 건강한 두피 재생을 유도하는 탈모관리 프로그램의 단계는?

① 클렌징 단계 ② 영양 공급 단계
③ 트러블 관리 단계 ④ 모낭충 사멸 단계

15. 클렌징에 관한 설명이다. 틀리게 설명한 것은?

① 클렌징은 두피의 노화된 각질들을 제거하는 것이다.
② 두피 클렌징이란 두피와 모공 주위의 노폐물을 제거해 주는 과정이다.
③ 클렌징 과정을 한 번만 시행해도 완벽하게 노폐물을 제거할 수 있다.
④ 클렌징 제품은 탈모 부위와 비탈모 부위에 상관없이 골고루 도포해 준다.

16. 정상적인 모주기의 모발을 탈모가 된 부위에 직접 옮겨 심는 방법의 치료법은?

① 냉동 요법 ② 모발 이식
③ 메조테라피 ④ 원적외선 치료법

17. FDA에서 공식 허가된 약물로서 매일 한 알씩 복용하도록 되어 있는 것은?

① 마이녹실 2% ② 미녹시딜 5%
③ 피나스테라이드 ④ 미니 크래프트

18. 지성 두피의 관리 목적은?

① 유·수분의 균형을 맞춘다.
② 모공을 넓게 한다.
③ 모세혈관을 확장시킨다.
④ 두피를 매우 건조하게 한다.

19. 두피 관리의 흐름을 가장 잘 설명하고 있는 것은?

① 홈 케어 선택 - 상담 차트 작성 - 진단 - 상담 - 관리 프로그램 선택
② 상담 차트 작성 - 진단 - 상담 - 관리 프로그램 선택 - 홈 케어 선택
③ 상담 - 진단 - 홈 케어 선택 - 상담 차트 작성 - 관리 프로그램 선택
④ 상담 차트 작성 - 관리 프로그램 선택 - 상담 - 진단 - 홈 케어 선택

20. 탈모 예방을 위한 건강한 생활 지침에 속하지 않는 것은?

① 과도한 음주 및 흡연은 피한다.
② 편식하거나 무리한 다이어트를 피한다.
③ 자신에게 맞는 스트레스 해소법을 찾는다.
④ 두피 마사지를 할 때는 강하게 자극할수록 좋다.

Tip

1. 휴식은 탈모 예방법에 속함

2. 생리적 변화는 혈행 장애, 발열, 내분비 이상, 감염증

3. 스트레스로 인한 근육이 수축은 혈액 순환에 영향을 미침

4. 모주기의 변화로 휴지기 모발의 비율이 증가하는 것이 일반적인 특징

5. 직·간접적으로 탈모에 연관이 있는 약물이 있으며, 탈모 유전자는 아직 발견되지 않았음

6. 루드비그 분류법은 여성형 탈모증의 분류법

7. 남성형 탈모증은 M형, O형, C형, M+O형으로 구분

8. ① M형 ③ C형 ④ O형

9. 여성형 탈모증의 특징은 가르마가 넓어지고, 두정부 모발 밀도의 감소

10. 원형탈모는 동전처럼 동그란 모양으로 빠져나감

11. 두피 감염을 일으키는 주요 원인은 세균, 곰팡이, 모낭충, 바이러스

12. 환절기, 출산 등으로 휴지기 모발의 비율이 증가하는 것은 휴지기 탈모증의 특징

13. 대표적인 병원 치료 방법 모발 이식, 피나스테라이드 처방, 메조테라피

14. 영양 공급 단계의 두피 저항력(=면역력)을 강화가 목적

15. 모공 주위를 막고 있는 노폐물을 제거하기 위해서는 여러 번의 클렌징 과정 필요

16. 모발 이식은 후두부의 정상 모발을 탈모 부위에 직접 옮겨 심는 방법

17. 마이녹실은 국소 도포제이며, 미니 크래프트는 모발 이식 방법

18. 피지 분비량이 많은 지성 두피는 유·수분의 균형을 맞추어 주는 것이 중요

19. 두피 관리는 상담 차트를 작성한 후 진단과 상담 과정을 거쳐 클리닉 프로그램을 설계

20. 두피 마사지는 고객에게 맞추어서 적당한 압력으로 해야 한다.

MEMO

1. ②	2. ④	3. ④	4. ③	5. ④	6. ①	7. ③	8. ②	9. ①	10. ④
11. ③	12. ③	13. ③	14. ②	15. ③	16. ②	17. ③	18. ①	19. ②	20. ④

5. 넛팅

1. 넛팅의 종류가 아닌 것은?

① 싱글 ② 반싱글
③ 더블 ④ 매듭

2. 넛팅의 종류 중 매듭이 견고하나 크기가 너무 큰 넛팅은?

① 반싱글 ② 싱글
③ 더블 ④ V

3. 넛팅 기법 중 매듭이 없는 넛팅은?

① 반싱글 ② 싱글
③ V ④ 반더블

4. Front Line의 자연스러운 매듭으로 많이 사용되는 수제 방식은?

① 싱글 ② 반싱글
③ V ④ 반더블

5. 넛팅(수제) 기법에 대한 설명 중 맞는 것은?

① 미싱을 이용하여 만든 가발을 말한다.
② 가발은 100% 수제가 없다.
③ 부분적으로 심어주는 부분 수제와, 전체를 심어주는 완수제 기법이 있다.
④ 미싱을 활용한 수제를 밀한다.

6. 수제 작업 중 난이도가 가장 쉬운 수제 기법은 ?

① 싱글 ② 반싱글
③ V ④ 반더블

7. 남성 가발에 가장 많이 적용되고 있는 수제 기법은?

① 싱글 ② 반싱글
③ V ④ 반더블

8. 볼륨이 가장 많은 수제 방식은?

① 반싱글 ② 싱글
③ 더블 ④ 반더블

9. 수제 기법에 대한 설명이 아닌 것을 고르시오.

① 싱글: 스타일이 단조롭고 볼륨감이 없다.
② 반싱글: Front Line에 자연스러운 매듭으로 많이 사용된다.
③ 더블: Side Front Line에 사용되며, 남성 투페에서 많이 쓰이는 방법이다.
④ V: 폴리우레탄 소재, 실리콘 소재, 가르마 파트에 많이 사용되는 방법이다.

Tip

1. 넛팅의 종류 - V, 싱글, 반싱글, 더블, 반더블
2. 더블 - 두 번 매듭지어 탈모가 가장 없는 작업 방식
3. V - 매듭 없이 수제하는 방식
4. 반싱글 - 한쪽만 매듭이 지는 방식. 스킨의 프런트 부분에 적용
5. 부분적으로 심어주는 부분 수제와 전체를 심어주는 완수제, 일부 반수제 형태로 공정이 나눠진다.
6. 싱글 - 두 올을 한꺼번에 잡아 빼는 방법
7. 반더블 - 모류의 방향이 자유로이 구사할 수 있어 자연스러운 표현이 가능하다.
8. 더블 - 모발을 2번 엮는 작업 방법이다.
9. 더블 - 볼륨감을 주고자 하는 부위에 가장 많이 쓰이는 방법이다.

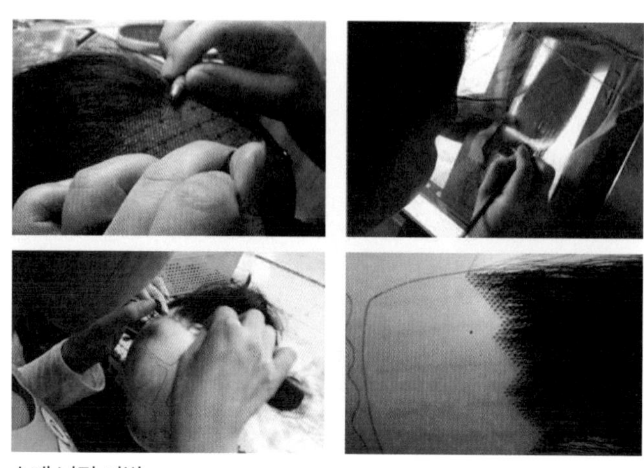

수제 넛팅 기법

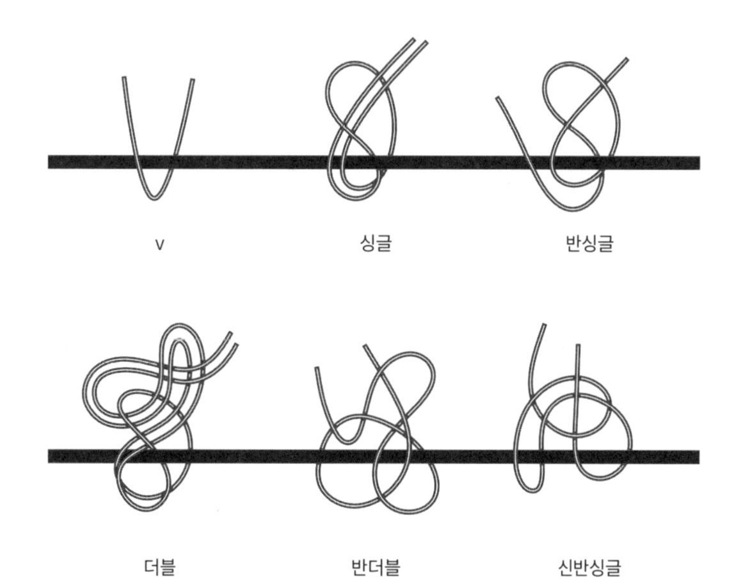

MEMO

1. ④ 2. ③ 3. ③ 4. ② 5. ③ 6. ① 7. ④ 8. ③ 9. ③

6. 가발의 재료

1. 다음 중 인모의 특성이 아닌 것은?

① 펌이 가능하다.
② 반짝반짝 빛이 나며 큐티클층이 없다.
③ 자신의 모발과 잘 섞이며 자연스럽다.
④ 염색이 가능하다.

2. 가볍고 자연스러우며 저렴하고 광택감이 있다는 특징을 갖고 있다. 그러나 끝 변질 우려가 있는 가발 모는?

① 인조모
② 인모
③ 합성모
④ 동물모

3. 인모의 단점이 아닌 것은?

① 푸석거림이 발생할 수 있다.
② 탈색이 된다.
③ 펌이나 염색이 불가능하다.
④ 긴 머리 모장을 구하기가 힘들다.

4. 인조모의 장점이 아닌 것은?

① 펌과 염색이 가능하다.
② 컬러가 오래 유지된다.
③ 처음 스타일이 오래간다.
④ 가격이 저렴하다.

5. 다음 중 열에 가장 강한 것은?

① 중국모
② 인도모
③ 고열사
④ 오가닉모

6. 다음 인모 중 한국이 모발과 굵기, 감촉이 유사한 모는?

① 중국인모
② 인도인모
③ 인도네시아인모
④ 이탈리아인모

7. 다음 인조모의 장점이 아닌 것은?

① 컬러가 오래 유지된다.
② 처음 스타일이 오래간다.
③ 모발 길이 조절이 자유롭다.
④ 인모에 비해 윤기가 많이 난다.

8. 인모와 인조모의 장단점 중 틀린 것은?

① 인조모는 염색이 안 된다.
② 인모는 잘 엉키지 않는다.
③ 인조모는 반짝거리며 열에 강하다.
④ 인모는 인조모보다 무겁다.

9. 머리카락 굵기는 인종에 따라 차이가 나는데 틀린 것은?

① 유럽모 - 25~45 Denier
② 인도모 - 50~60 Denier
③ 중국모 - 55~60 Denier
④ 한국모 - 50~55 Denier

10. 인모에 비해 인조모의 특성 중 틀린 것은?

① 가볍다.
② 색이 변하지 않는다.
③ 반짝거린다.
④ 염색이 잘된다.

11. 인모의 특징이 아닌 것은?

① 색이 변하지 않는다.
② 잘 엉키지 않는다.
③ 윤기가 자연스럽다.
④ 파마나 염색이 된다.

12. 좋은 가발의 조건에 맞지 않는 것은?

① 통풍보다는 스타일이 잘 나오는 것
② 착용감이 가벼워 산뜻한 것
③ 색상이 잘 퇴색되지 않는 것
④ 샤워나 세발 시 건조와 스타일 내기가 쉬운 것

13. 인모의 장점으로 맞는 것은?

① 스타일의 연출이 자유롭다.
② 펌이나 염색이 안 된다.
③ 착용자의 본머리와 매치율이 떨어질 수 있다.
④ 시간이 흐르면서 돼지 꼬리처럼 떨림 현상이 일어난다.

14. 인모와 인조모의 특징으로 옳은 것은?

① 인모는 윤기와 광택이 지나쳐서 자연스럽지 않다.
② 인조모는 오래 사용했을 때 발색되고 웨이브가 풀리는 느낌을 받는다.
③ 인모는 색상이나 웨이브 등의 스타일링 연출이 불가능하다.
④ 인조모는 시간이 흐를수록 모발 끝이 돼지 꼬리처럼 말림 현상이 일어난다.

15. 다음 인모에 관한 내용 중 옳은 것은?

① 가발을 위한 인모는 가공을 하여 큐티클이 없다.
② 보통 머리카락보다 탈색이 쉽지 않다.
③ 가공하여 코팅을 하였기에 보통 머리카락보다 굵고 강하다.
④ 가공 시 레벨별로 한 번씩 염색이 되어서 나온다.

16. 가발에 펌과 염색이 가능한 모질은?

① 화학섬유
② 고열사
③ 인모
④ 인조모

17. 다음 인조모의 장점이 아닌 것은?

① 컬러가 오래 유지된다.
② 처음 스타일이 오래간다.
③ 모발 길이 조절이 자유롭다.
④ 인모에 비해 윤기가 많이 난다.

18. 가발 원사로 적합하지 않은 것은?

① 나일론
②인도의 모발
③ 중국인의 모발
④고양이나 개의 털

19. 한국인의 인모와 가장 비슷하고 가장 많이 사용되고 있는 것은?

① 인도인 모발
② 중국인 모발
③ 이탈리아인 모발
④ 독일인 모발

20. 다음 중 인모가 아닌 것은?

① 버진헤어
② 레미모
③ 동물모
④ PP

21. 난연을 바로 설명한 것은?

① 불이 꺼져도 계속 탄다.
② 불이 꺼지면 더 이상 타지 않는다.
③ 난연은 없다.
④ 난연은 불하고는 상관없다.

22. 인모와 인조모를 구별하는 방법 중 옳은 것은?

① 가위로 잘라본다.
② 현미경으로 구분한다.
③ 탈색을 해본다.
④ 냄새로 구분한다.

23. 다음 인모인 것은?

① 레미모
② 벌크모
③ 혼합모
④ 고열사

24. 다음 인모 중 최상급은 어느 것인가?

① 인도모
② 레미모
③ 중국모
④ 버진헤어

25. 레미모 설명 중 틀린 것은?

① 남성 가발에 사용
② 상급의 인모
③ 큐티클층이 있음
④ 붙임머리용

26. 중국모의 특징은?

① 가늘다.
② 55~60 Denier
③ 부드러운 질감
④ 잘 사용하지 않는다.

27. 다음 인조는?

① 인도모
② 일반원사
③ 버진헤어
④ PVC

28. 다음 가장 열에 약한 인조는?

① PVC
② 프로테인 원사
③ PP
④ 모드아크릴

29. 다음 PP의 주 용도는?

① 패션 가발용
② 올림머리용
③ 인모 혼합용
④ 붙임머리용

30. 다음 원사 중 인모가 아닌 것은?

① 당발
② 나투라
③ 변발
④ 일반모

31. 다음 원사 중 인조모가 아닌 것은?

① 당발
② 모드아크릴
③ 프로테인 원사
④ 우드론

Tip

1. 인모는 빛을 흡수하므로 본머리와 가장 흡사하여 자연스러움

2. 인조모 시간이 지날수록 끝부분에 뭉치거나 변질의 우려가 있음

3. 인모 - 펌과 염색이 가능함

5. 유럽모 25~45　　중국모 55~60　　한국모 50~55　　인도모 45~50 Denier

6. 인도모 - 유럽인 모발과 굵기 감촉 유사
   인도네시아모 - 유럽인 모발과 유사
   이탈리아모 - 자연 모발로 생상 별로 없음

7. 인조모 장점 - 쉽게 탈색되지 않는다. 수명이 인모보다 긴 편임
   펌과 염색이 된다. 자연스럽다.

8. 인조모의 단점 - 윤기가 많이 난다. 열에 약하다. 펌 염색이 되지 않음
   열과 마찰에 비교적 약해 쉽게 엉키고 엉킴을 풀기 힘듦

9. 인조모 - 45~50 Denier

11. 인모의 단점 - 시간이 지나면 탈색되고 푸석거림이 생김

12. 좋은 가발일수록 통풍도 잘되고 스타일도 잘 나옴

15. 가발은 산 처리를 통해 큐티클을 제거한 후 작업함

18. 가발 원 - 인모, PP, PVC, 모드아크릴, 나일론 등등

19. 유럽모 25~45　　중국모 55~60　　한국모 50~55　　인도모 45~50 Denier

20. 인조모 - PP, PVC, 모드아크릴, 나일론 등

21. 난연 - 불이 시발점이 있을 때만 타는 것

22. 인조모 - 탈색이 되지 않는다.

23. 레미 - 인모로서 모류가 한 방향으로 큐티클층이 남아있는 모발

24. 버진헤어처녀머리 - 가공되지 않는 상태의 건강한 모발

26. 중국모 - 한국 사람의 모질과 비슷하여 가장 많이 쓰이고 있으며 굵고 강함

28. PP - 80~90°

29. PP - 브레이드(땋는 머리) 용도로 많이 사용됨

30. 나투라는 우노앤캠퍼니 회사에 인조 원사이다.

31. 당발은 인모로서 화학 처리를 최소화한 것이다.

MEMO

1. ②	2. ①	3. ③	4. ①	5. ①	6. ①	7. ④	8. ③	9. ②	10. ④
11. ①	12. ①	13. ①	14. ④	15. ①	16. ③	17. ④	18. ④	19. ②	20. ④
21. ②	22. ③	23. ①	24. ④	25. ①	26. ②	27. ④	28. ③	29. ②	30. ②
31. ①									

7. 가발의 부착법

1. 두피가 민감하고 땀이 많으며 피지 분비가 많은 사람에게 적합한 가발 부착 방법은?

① 고정식 ② 테이프식
③ 클립식 ④ 단추식

2. 두피가 건조하며 출장이나 활동이 많이 젊은층에게 적합한 부착 방법은?

① 고정식 ② 벨크로
③ 테이프식 ④ 클립식

3. 다음 부착 방법이 옳게 설명된 것은?

① 클립식 - 탈모 된 주변의 머리카락이 튼튼해야 하고 장년층과 땀이 많은 사람에게 적합
② 고정식 - 탈모 된 부분에 머리가 없는 경우 테이프를 이용하여 부착하는 방식
③ 클립식 - 일정 기간 물리적인 방법으로 고정하는 형태
④ 테이프식 - 탈모 된 부분의 모발을 제거하고 부착하는 형태

4. 고정식의 경우 다음 손질 시기는?

① 2~3주 ② 1~2개월
③ 1~2주 ④ 2~3개월

5. 활동량이 많은 30대 고객에게 적당한 부착 방식은?

① 고정식 ② 클립식
③ 단추식 ④ 테이프식

6. 탈모 된 주변의 머리가 튼튼해야 하고 땀이 많은 사람에게 적합한 부착 방식은?

① 고정식 ② 단추식
③ 클립식 ④ 익스텐션

7. 피지와 땀이 많은 사람이 가발을 착용하려 한다. 부착 방법으로는 어떤 것이 좋을까?

① 테이프형 ② 클립형
③ 결속형 ④ 솔루션형

8. 예민한 두피형에 가장 어울리지 않는 부착 방법은?

① 클립형 ② 탈부착형
③ 고정형 ④ 솔루션형

9. 부착 방법 중 고정형일 경우 어느 정도의 기간이 지나 손질을 해야 할까?

① 7~15일 ② 15~20일
③ 1개월 ④ 2개월

10. **가발을 맞춤에 고객이 클립형을 요구했다. 패턴을 만들 때 올바른 것은?**

① 클립을 착용할 부분을 감안하여 본 부분보다 1.5~2㎝ 정도 넓게 디자인한다.

② 클립을 착용할 부분을 감안하여 본 부분보다 2~3㎝ 정도 넓게 디자인한다.

③ 클립을 착용할 부분을 감안하여 본 부분보다 1.5~2㎝ 정도 좁게 디자인한다.

④ 클립을 착용할 부분을 감안하여 본 부분보다 2~3㎝ 정도 좁게 디자인한다.

11. **가발을 맞출 시 탈부착형을 해야 할 사람은?**

① 운동량이 많은 사람
② 두피가 예민한 사람
③ 출장이 잦은 젊은이
④ 수영을 즐기는 사람

12. **투페 부착법 중 클립식의 장점으로 틀린 것은?**

① 본인이 원할 때 탈착이 가능하다.
② 자유로운 레포츠가 가능하다.
③ 시원하게 샴푸가 가능하다.
④ 유지비용을 최소화할 수 있다.

13. **증모법이란?**

① 가발에 단추나 띠를 달아 고정하는 방식

② 익스텐션을 이용하여 땋거나 실리콘으로 붙여 머리숱이 많아 보이게 하는 방식

③ 테이프를 이용해 탈모 부위에 부착하는 방식

④ 패치 부분에 달린 실에 머리를 엮어 실리콘으로 마무리하는 고정 방식

14. **20대 남성으로 과격한 운동을 하는 고객에게는 어떠한 부착법이 적당한가?**

① 테이프식　　② 고정식
③ 클립식　　④ 단추식

15. **부착법과 탈모 범위에 차지하는 크기 비율이 옳은 것은?**

① 특수 접착식＜탈모 범위
② 클립식＞탈모 범위
③ 클립식＜탈모 범위
④ 고정식＜탈모 범위

16. **가발을 맞출 시 고정형을 해야 할 사람은?**

① 두피가 예민한 사람
② 땀이 많은 사람
③ 운량이 많은 젊은층
④ 활동량이 적은 장년층

17. **열이 많고 땀이 많으며, 지성인 두피에 어울리는 가발은?**

① 통풍이 잘되는 망
② 고정형 부착 방식
③ 얇은 스킨
④ 탈부착형 테이프식 부착 방식

18. **다음은 테이프식의 장점이 아닌 것은?**

① 자유로운 탈부착이 가능
② 안정성이 높고 위생적인 문제가 적다.
③ 탈모의 크기만큼 제품 제작이 가능
④ 탈모 부위보다 크게 제품이 제작된다.

19. 투페 고정식으로 단점을 말한 것은?

① 피지와 노폐물 제거가 어렵다.
② 탈부착이 자유롭다.
③ 가격한 운동은 할 수 없다.
④ 바람에 탈착될까 불안하다.

20. 클립식 투페의 클립을 옮겨주지 않고 한 곳에 오랫동안 유지 시 생기는 탈모는?

① 원형 탈모 ② 견인성 탈모
③ U자형 탈모 ④ 유전성 탈모

21. 다음 중 부착법으로 볼 수 없는 것은?

① 패턴식 ② 고정식
③ 테이프식 ④ 클립식

22. 투페의 부착법이 아닌 것은?

① 고정식 ② 테이프식
③ 패턴식 ④ 클립식

23. 다음 부착 방식 중 특수 형식은?

① 테이프식 ② 실고리형
③ 클립식 ④ 고정식

24. 투페 고정식의 장점은?

① 인정감이 좋다. ② 수명이 짧다.
③ 위생 관리가 쉽다. ④ 방문 주기가 짧다.

Tip

1. 클립식 - 탈모 된 주변의 머리카락이 튼튼해야 하고 장년층과 땀이 많은 사람에게 적합

장점 고객의 머리카락을 손상 없이 제품 제작이 가능하다.
탈부착이 가능하여 위생상의 문제가 발생되지 않는다.

단점 제품의 부위가 탈모 부위보다 크게 제작이 된다.
가발이 벗겨질 우려가 있다.
장기간 사용 시 클립 부분의 자모가 손상될 수 있다.
금속 알레르기가 있는 사람은 주의한다.

2. 고정식 - 두상에 일정한 기간 부착되는 방식
착용 기간: 2~3주
본딩을 이용하여 고정하는 방식

장점 처음 착용 시 안정성이 높고 다른 제품에 비해 자연스럽다.

단점 시간이 경과에 따라 청결도가 낮다(이물질, 냄새, 피부트러블).

3. 테이프식 - 탈모가 된 주변머리가 적거나 금속 알레르기가 있는 사람에게 적합

장점 본인이 원할 때 언제든지 탈착이 가능하고 이질감이 적다.
안정성이 높고 위생적인 문제가 적다(세척을 자주 할 수 있음).
탈모 크기만큼 제품 제작이 가능하다.

단점 땀이 많은 고객은 접착력이 약해 다소 불편하다.
테이프의 교환 시 제품의 모발이 탈모가 발생할 수 있다.

13. 증모법 - 접착 증모법, 매듭 증모법

15. 고정식 > 탈모 범위, 특수 첩착식 > 탈모 범위, 테이프식 = 탈모 범위

20. 견인성 탈모 - 일정 기간 모발의 당겨지는 힘에 의해 탈모 되는 것을 말함

21. 부착 방법으로는 크게 고정식, 테이프식, 클립식 3가지 방법이 있다.

22. 패턴은 부착법이 아닌 투페의 제작 과정으로 고객의 두상을 본뜨는 것이다.

23. 실고리형은MP 금속 알레르기가 있거나 제모에 대한 불안감을 가진 고객에게 적합

MEMO

1. ③ 2. ① 3. ① 4. ① 5. ① 6. ③ 7. ② 8. ③ 9. ② 10. ①
11. ② 12. ② 13. ② 14. ② 15. ② 16. ③ 17. ① 18. ④ 19. ① 20. ②
21. ① 22. ③ 23. ③ 24. ①

8. 가발의 제작 과정

1. 가발 맞춤 시 고려해야 하는 사항과 거리가 먼 것은?

① 얼굴형
② 키
③ 직업
④ 나이

2. 비닐 패턴 제작 시 필요하지 않은 것은?

① 젖은 수건
② 투명비닐
③ 유성, 수성펜
④ 투명테이프

3. 패턴 작업 시 필요하지 않은 물건은?

① 유성 매직
② 투명테이프
③ 비닐 또는 랩
④ 클립

4. 주문 시 남성 기준 평균 머리카락 길이는 어느 정도가 적당한가?

① 5~7cm
② 8~10cm
③ 10~12cm
④ 15~17cm

5. 패턴 시 눈썹과 이마와의 거리는 어느 정도가 적당할까?

① 4~5cm
② 5~6cm
③ 6~7cm
④ 7~8cm

6. 가발을 맞춤에 있어 작업지시서에 기록하지 않아도 될 것은?

① 모발의 굵기, 색상
② 두상의 형태
③ 흰머리의 비율
④ 모량

7. 가발의 제작 과정이 맞는 것은?

① 상담 - 가발 착용 방법 결정 - 가발 피팅 - 개인별 두상 측정 - 가발 착용
② 상담 - 가발 착용 방법 결정 - 개인별 두상 측정 - 가발 피팅 - 가발 착용
③ 상담 - 개인별 두상 측정 - 가발 착용 방법 결정-가발 넛팅 - 가발 착용
④ 가발 피팅 - 개인별 두상 측정 - 가발 착용 결정 - 가발 넛팅 - 가발 착용

8. 자연스러운 가발을 만들기 위해 주의 사항과 거리가 먼 것은?

① 나이
② 직업
③ 얼굴형
④ 키

9. 다음 중 Pattern의 종류가 아닌 것은?

① 테이프를 이용하는 방법
② 압축 붕대를 이용하는 방법
③ 석고를 이용하는 방법
④ 3D - 시뮬레이션을 이용하는 방법

10. 부분 가발 Pattern 뜨기를 위해 포인트 설정에 대해 관계가 없는 것은?

① 앞 점(Front Point, 중심점)
② 옆 점(Side Point)
③ 가르마 선(Part Side)
④ 목선(Nape Point)

11. 패턴 라인을 만들기 설명으로 올바른 것은?

① 이마 라인의 형성 위치가 고객의 눈에 어색하지 않다면, 양쪽의 높낮이가 꼭 맞지 않아도 된다.
② 가발의 크기는 부착법에 따라 달라질 수 있다.
③ 가르마의 위치는 대부분 눈썹이 끝나는 부분에서 시작한다.
④ 첫 테이핑 시 떨어질 수 있으니, 힘껏 팽팽하게 당겨서 테이핑해 준다.

12. 작업지시서 작성 시 유의 사항으로 틀린 것은?

① 제작 공장에서 알아볼 수 있도록 작성
② 일정한 틀이 벗어나더라도 최대한 많이 기재
③ 만들 제품의 의도를 정확하게 전달
④ 제작 공장과 충분한 의견을 교환

13. 패턴 제작이 종류로 맞지 않는 것은?

① 테이프 법
② 패턴 시트
③ 석고
④ 모형 만들어 뜨기

14. 패턴 작업 시 준비물이 아닌 것은?

① 테이프
② 가위
③ 석고
④ 유성 매직

15. 센터에서의 가발 제작 과정 중 (   ) 안에 들어갈 작업으로 옳게 짝지어진 것은?

숍→ 상담→ (   )→ (   )→ 공장→ 숍→ 패팅 및 스타일링→ 마무리

① 작업지시서, 발포 작업
② 발포 작업, 작업지시서
③ 패턴 제작, 작업지시서
④ 패턴 제작, 발포 작업

16. 가발 제작 과정 중 상담 후 패턴 제작에서부터 가발이 고객님께 전달되기까지 소요되는 기간으로 적합한 것은?

① 5일 이상
② 10일 이내
③ 20일 이내
④ 30일 이내

17. 작업지시서를 작성할 때 가장 중요한 것은?

① 제작 공장에서 쉽게 알아볼 수 있게 작성한다.
② 수량을 차후에 연락한다.
③ 만들고자 하는 제품의 의도를 정확히 기재한다.
④ 제품의 가르마 부분을 피팅 시 처리한다.

18. 고객 상담 카드 작성 시 필요하지 않은 항목은?

① 머리카락 굵기
② 탈모 치료 경험
③ 음식의 섭취 방법
④ 가발 사용 경험

19. 투페의 제작 과정이 맞는 것은?

① 패턴 - 몰드 가공 - NET 가공 - 약품 처리 - 수제 작업 - 검수, 포장
② 몰드 - 패턴 - 약품 처리 - NET 가공
③ 약품 처리 - 패턴 - NET 가공 - 몰드 가공 - 검수, 포장
④ 패턴 - NET 가공 - 몰드 - 약품 처리 - 검수, 포장

20. 패턴의 중요성을 제대로 표현한 것은?

① 스타일이 잘 나와야 한다.
② 착용감이 좋아야 한다.
③ 고객의 마음에 들어야 한다.
④ 모량을 잘 조율하기 위해서이다.

21. 패턴 작업을 할 때 앞 점을 잡는 방법으로 올바른 것은?

① 눈동자 중앙에서 ½ 잡아서
② 얼굴을 3등분으로 나누어 미간에서 ⅓ 올라온 점
③ 콧방울에서 직선으로 8㎝
④ 눈썹 미간에서 8㎝

22. 다음 망의 소재 중 탈모가 심한 고객과 어울리지 않는 소재는?

① 부드러운 모노 망(Fine Mono Filament)
② 슈퍼 웰드 모노 망(Swiss-net 스위스 망)
③ 마이크로 폴리우레탄 스킨(Micro Polyurethane Skin)
④ 그물망(Fish Net)

23. 대부분의 남성 탈모인의 가발에 많이 사용하는 방식으로 인위적인 느낌을 최소화하고 자연스러운 이마 라인을 만들 수 있는 형태는?

① 둥근 라인 형태
② M자 라인 형태
③ U자 라인 형태
④ C자 라인 형태

24. 망(Base)의 넓이가 넓을수록 유리한 점은 무엇인가?

① 가격이 싸다.
② 넛팅하기가 쉽다.
③ 통풍 잘 된다.
④ 튼튼하다.

25. 가발 주문서에 영향을 미치지 않는 사항은?

① 활동성
② 스타일
③ 사회적 지위
④ 고객 의사

26. 다음 중 옳은 내용은?

① 흰머리는 부위별로 동일한 퍼센트가 자연스럽다.
② 모량은 가르마 부분이 주변보다 적고 섬세하게 넛팅 돼야 한다.
③ 내면 수제는 헤어 라인 부분의 자연스러움을 위해 반드시 넣어야 한다.
④ 탈모 부위의 머리가 성글게 나 있으면 살색 망이 좋다.

27. 가발을 만들기 전에 가발 모형을 제작하는 작업을 뜻하는 것은?

① 패턴
② 발포 작업
③ 정모 작업
④ 재단 작업

28. 투페는 어떤 고객에게 권장하는 것이 좋은가?

① 항암치료 중인 고객
② U자형 탈모 고객
③ 패션을 추구하는 고객
④ 아무에게나

29. 패턴 작업 시 설명으로 바르지 않은 것은?

① 앞 점- 코끝을 기준으로 한다.
② 옆 점- 귀 앞 1.5㎝ 정도에서 올라가 선과 콧방울에서 눈썹의 가장 높은 지점을 지나는 선이 교차하는 지점
③ 가르마– 상담 후 결정한다.
④ 가마 점- 가르마 선에서 1.5㎝ 좌우로 정한다.

30. 맞춤 가발 제작 시 옳지 않은 것은?

① 가르마 위치가 사람마다 다르다.
② 부착 방법에 상관없이 사이즈는 동일하다.
③ 땀이나 비듬, 피지 유무에 따라서 가발 재질을 결정한다.
④ 맞춤이므로 선금은 30~50% 정도 받아두는 것이 좋다.

Tip

4. 주문 시 평균 머리카락의 5.9~6.7inch

5. 고객의 얼굴형, 비율에 따라 달라질 수 있으나 평균 6~7cm가 적당

6. 작업지시서 - 모량, 모질, 백모의 비율, 모발의 굵기, 색상 등이 기재됨

7. 가발 착용부착법을 결정한 후 패턴 작업에 들어감

9. Pattern의 종류 - 테이프 · 시트지 · 석고 · 3D-시뮬레이션

12. 제작 공장과의 커뮤니케이션이 가장 중요함

14. 석고는 Pattern의 종류에 해당함

15. 약 25~30일 소요

19. 패턴 - 몰드 가공 - NET 가공 - 약품 처리 - 수제 작업 - 검수, 포장

21. 고객의 얼굴형, 비율에 따라 달라질 수 있으나 평균 6~7cm가 적당

22. 그물망

23. U자 라인 - 자연스러운 이마 라인

26. 내면 수제

27. 패턴 - 두상에 딱 맞는 가발을 제작하기 위한 첫 단계

28. 투페 - 남성형 맞춤 가발

MEMO

1. ②	2. ①	3. ④	4. ④	5. ③	6. ②	7. ②	8. ④	9. ②	10. ④
11. ②	12. ②	13. ④	14. ③	15. ③	16. ④	17. ③	18. ③	19. ①	20. ②
21. ②	22. ④	23. ③	24. ③	25. ③	26. ③	27. ①	28. ②	29. ①	30. ②

9. 디자인

1. 가발 커팅 방법으로 올바른 방법은?

① 레이저 커트 시 3~5㎝ 간격의 슬라이스로 섹션이 너무 평평하지 않게 자연스러운 커트를 한다.
② 커트를 할 때 방향은 세로로 하기보단 가로 커트를 많이 한다.
③ 레이저 커트 시 칼날은 섹션과 수평을 이루고 자연스럽게 질감 처리를 한다.
④ 커트는 레이저나 틴닝보다는 단가위로 시술한다.

2. 완성된 가발을 고객에게 씌울 때 고객 본머리와 가발의 경계가 표시나지 않도록 최소화하도록 커트를 잘해야 하는데 커트의 기구로 적당하지 않은 것은?

① 레이저 ② 틴닝가위
③ 단가위 ④ 클리퍼

3. 피팅 시 주의해야 할 점은?

① 본머리와의 그라데이션이 잘되도록 신경 쓴다.
② 고객의 직업과 머리형을 감안하여 스타일을 만들어 나간다.
③ 요즘 유행하는 스타일로 멋있게 피팅 한다.
④ 틴닝가위로 최대한 자연스러운 연결이 되도록 한다.

4. 피팅 시 어느 부분부터 시작하는 것이 가장 좋을까?

① 전두부 ② 탑
③ 후두부 ④ 측두부

5. 가발 커트에서 틴닝 가위의 사용이 바른 것은?

① 머리 길이는 그대로 두고 전체 머리숱의 감소를 목적으로 한다.
② 가위가 미끄러지듯 커트할 때 사용.
③ 모발의 길이를 절단하기 위해서 커트한다.
④ 볼륨감을 많이 주고자 할 때 사용한다.

6. 가발의 펌에 대해서 옳은 것은?

① 가발의 염색 시간은 일반 모발에 비해 길다.
② 가발에서 많이 사용하는 펌은 일반 펌과 아이롱 펌이다.
③ 빗질의 방향은 가급적 여러 방향으로 해둔다.
④ 망은 묻어도 되므로 빗보다는 솔을 사용한다.

7. 가발 커트 시 필요하지 않는 것은?

① 레이저 ② 커트 빗
③ 틴닝 ④ 로드(Rod)

8. 다음 가발 염색 시 옳지 않은 것은?

① 가발 염색 시 스킨에 묻으면 염색 색상이 지워지지 않으므로 조심해야 한다.
② 염색 시 사람 머리처럼 1터치, 2터치, 3터치의 단계가 필요하다.
③ 염색약은 10분 이내 빨리 도포하고, 보통 머리보다 염색 시간이 빠르다.
④ 새치 염색은 잘 되나 밝은 톤 염색은 주의할 필요가 있다.

9. 다음 펌에 대한 내용 중 옳은 것은?

① 남자 가발도 직모보다는 약간의 롤스트레이 정도가 자연스럽다.
② 펌은 가능한 빨리 말고, 빠른 시간 내에 빼는 것이 좋다.

③ 보통 머리 펌보다 가발 펌이 시간이 오래 걸린다.
④ 가공하였기에 펌에 대한 손상이 기존 머리카락보다 별로 없다.

10. 아이롱이나 매직기의 역할이 아닌 것은?

① 차분한 스트레이트 머리
② 굵은 웨이브
③ 곱슬곱슬한 펌 대용
④ 흐트러진 머리 단정하게

11. 가발 커트로 올바른 표현으로 볼 수 있는 것은?

① 하고자 하는 길이보다 1~1.5㎝ 길게 커팅을 해서 질감 처리로 연결한다.
② 무조건 레이어로 잘 연결하면 된다.
③ 선과 면을 살려서 정교하게 커팅을 한다.
④ 고객이 원하는 대로 잘라주면 된다.

12. 가발 염색 중 옳은 것은?

① 차분하게 모발 끝에서부터 염색한다.
② 1터치로 시술한다.
③ 2터치로 시술한다.
④ 3터치로 시술한다.

13. 가발에 사용되는 모질들은 큐티클층을 없애기 위해 거치는 과정은?

① 각화 과정 ② 산화 과정
③ 차후 과정 ④ 연화 과정

14. 염모제에 따라 차이가 있지만 컬러 완성도에 적절한 시간은?

① 10~25분 사이 ② 15~30분 사이
③ 30~35분 사이 ④ 10~20분 사이

15. 다음 두부 포인트로 맞는 것은?

① 정중선 - 코의 중심을 수직으로 이은 선
② 수평선 - 눈 ½에서 수직으로 내린 선
③ 측두선 - E.P를 수평으로 이은 선
④ 측정선 - 이마에서 수직으로 내려온 선

16. 가발의 펌에 대한 설명으로 옳은 것은?

① 펌제는 손상모용으로 선택하여 가발의 손상을 최소화한다.
② 가발은 큐티클이 있으므로 일반 모질보다 긴 시간 시술한다.
③ 얇은 로드(Rod)의 사용으로 모질 손상을 막을 수 있다.
④ 가발에 많이 사용하는 펌은 드라이 펌이다.

17. 가발 염색에 대하여 옳지 않은 것은?

① 스킨, 망에 염색이 묻지 않게 한다.
② 어두운 컬러보다 밝은 컬러 체인지를 유도한다.
③ 염색 후 투명 코팅을 해주면 더욱 좋다.
④ 가발 염색은 까다롭고 정교해야 한다.

18. 가발 펌제의 선택에서 바르지 않은 것은?

① 펌제는 일반용으로 사용해도 무관하다.
② 손상모용으로 선택하는 것이 가발의 손상을 줄이는 방법이다.
③ 가발은 큐티클층이 없어 빠른 시간 안에 시술이 가능하다.
④ 가발에 많이 사용하는 펌은 일반 펌과 아이롱 펌이다.

19. 다음 중 펌과 염색이 가능한 모발 종류는?

① 모드아크 ② 고열사
③ PP 원사 ④ 인모

Tip

2. 클리퍼 - 남성의 뒷머리, 즉 상고형, 스포츠머리 커트 시 사용됨

3. 고객의 얼굴형에 맞춰 자연스럽게 연출함

5. 틴닝 - 모량을 조절하는 데 많이 사용함

7. 로드(Rod) - 펌 시술 시 사용됨

8. 1터치 시술 가능함

15. 큐티클층이 없으므로 손상모의 기준으로 시술한다.

18. 펌제는 손상용으로 선택하는 것이 적합

19. ①, ②, ③번은 인조모이다.

MEMO

1. ③ 2. ④ 3. ③ 4. ③ 5. ① 6. ② 7. ④ 8. ② 9. ① 10. ③

11. ① 12. ② 13. ② 14. ② 15. ① 16. ① 17. ① 18. ④ 19. ④

10. 가발관리법, 고객관리법

1. 가발의 세척 방법이 아닌 것은?

① 린스로 헹군 다음 여러 방향으로 빗질한다.
② 따뜻한 물에 2~3분 담갔다가 샴푸로 세척한다.
③ 가발을 살짝 눌러주거나 조물조물 만져두어 이물질을 제거해 둔다.
④ 엉킴을 풀어주기 위해 거품이 충분히 있는 상태에서 쿠션브러시를 이용한다.

2. 가발 세척 시기로 틀린 것은?

① 1주일이나 10일 정도에 1번 정도
② 고정식일 경우- 부착 상태에 따라 2~7일에 한 번씩
③ 클립식일 경우- 7~10일에 한 번씩
④ 시간이 날 때마다 수시로 세척

3. 가발 세척 방법으로 옳은 것은?

① 샴푸로 세게 비벼서 오염된 것들을 깨끗이 씻어낸다.
② 용기에 미지근한 물을 붓고 샴푸를 잘 풀어 가발을 좌우로 흔들어 씻는다.
③ 미지근한 물로 샴푸 시 가는 빗으로 꼼꼼히 빗겨 내어 씻는다.
④ 가발은 상하기 쉬우므로 흐르는 수돗물에서 물로만 씻어낸다.

4. 가발의 손질법 중 올바르지 못한 것은?

① 보관 시 옷걸이에 걸어 통풍이 잘되는 곳에 걸어둔다.
② 바닷가의 해풍, 바닷물에 노출 시 빨리 세척하여 끊어짐과 거칠어짐을 방지한다.
③ 건조는 드라이어로는 저열이나 냉풍, 수건 드라이와 자연풍이 좋다.
④ 빗질을 잘하여 탄력성을 준다.

5. 가발을 맞추러 온 고객과 상담 시 주의 사항 중 올바른 것은?

① 비싼 제품이 우수하다 얘기하여 매출을 올린다.
② 고객의 소득과 직업을 감안하여 적당한 가격의 가발을 권유한다.
③ 고정형의 장점을 강조하여 두피 상태와는 상관없이 권유한다.
④ 경제력이 있어 보이는 고객에게는 교대로 사용할 수 있도록 2개 맞출 것을 권유한다.

6. 예약제를 실시함에 예약 없이 온 고객에 대한 대응 중 맞는 것은?

① 불쑥 온 것을 나무라듯 핀잔을 준다.
② 먼저 온 고객이 끝날 때까지 기다리라고만 말한다.
③ 예약제임을 다시 말씀드리고 먼저 온 고객 관리 중임을 알리고 양해를 구한다.
④ 예약 후 다시 오라고 얘기한다.

7. 가발의 샴푸 방법으로 맞는 것은?

① 뜨거운 물에 불려서 샴푸한다.
② 가볍게 빗질하며 샴푸한다.
③ 중성세제를 이용한다.
④ 조물조물 비벼서 샴푸한다.

8. 샴푸의 목적에 관한 설명이다. 이 중 잘못된 것을 고르시오?

① 두피와 모발의 여러 이물질 및 노폐물을 제거한다.
② 두피의 혈행 촉진과 모발의 육성을 촉진시킨다.
③ 피지와 유기물로 인한 모발의 끊김을 막아준다.
④ 두피와 모발의 컨디션을 조절한다.

9. 인모 관리법으로 옳지 않은 것은?

① 린스를 물에 풀어 헹구어 주어 모발의 손상을 보후한다.
② 인모를 아래에서 위로 비벼가며 세발한다.
③ 빗살 간격을 넓고 끝이 둥근 빗으로 가발을 정리해

준다.
④ 빗질 시에는 모발 끝에서부터 빗질한다.

10. 가발 세척 방법으로 바르지 않은 것은?

① 미지근한 물을 반 정도 채운 세면기에 샴푸를 풀어 넣는다.
② 빗질할 때는 가발 망에서 망 바깥쪽으로 한다.
③ 세척이 다 되면 세면기에 맑은 물을 다시 받아 헹군다.
④ 샴푸 시 오염물질 제거되게 비벼서 헹군다.

11. 가발의 세척에 대하여 옳은 것은?

① 세면기에 가발을 넣고 가발 전용 브러시로 머리끝에서 뿌리 쪽으로 빗질한다.
② 빗질할 때에는 가발 망(스킨) 중앙에서 망 안쪽으로 한다.
③ 스프레이를 뿌린 가발은 비벼서 세척한다.
④ 처음 찬물로 담가 세척한다.

12. 전화 상담 시 중요한 사항은?

① 부드러운 말씨, 친절 ② 제품에 대한 광고
③ 추후 상담 권유 ④ 방문 권유

13. 상담 방법 및 자세와 거리가 먼 것은?

① 고객과 동등한 입장에서 이해하고 설명한다.
② 항시 부드러운 자세와 온화한 인상을 주도록 노력한다.
③ 상담을 가급적 빠른 시간에 마쳐야 한다.
④ 상담자 고객의 신분과 직위와 관계없이 동등하게 대한다.

14. 고객에게 옳지 않은 행동은?

① 먼저 친절히 인사한다.
② 일단 용무를 확인한다.
③ 고객이 가발에 대해 물어볼 때까지 기다린다.
④ 상담 카드를 고객이 직접 쓰도록 한다.

15. 상담 카드 내용 중 피해야 할 사항은?

① 간단한 신상 정보를 적게 한다.
② 질문을 하면 카드 작성 후 자세히 설명해 드린다고 한다.
③ 고객이 고객 자신에 대한 객관적 사항을 모르면 상담사가 나서서 도와준다.
④ 상담만 하고, 카드 작성을 꺼릴 시 다음 기회에 적게 한다.

16. 고객과 상담 시 상담 카드에 꼭 필요치 않은 질문은?

① 생일 ② 구입 날짜
③ 주소 ④ 직업

17. 가발을 맞추러 온 고객과 상담 시 주의 사항 중 올바른 것은?

① 비싼 제품이 우수하다 얘기하여 매출을 올린다.
② 고객의 소득과 직업을 감안하여 적당한 가격의 가발을 권유한다.
③ 고정형의 장점을 강조하여 두피 상태와는 상관없이 권유한다.
④ 경제력이 있어 보이는 고객에게는 교대로 사용할 수 있도록 2개 맞출 것을 권유한다.

18. 고객관리 전략으로 옳지 않은 것은?

① 차별화된 고객 서비스 제공
② 확실한 피드백 제공
③ 기업 중심의 시스템 구축
④ 제품과 서비스의 질 향상

19. 불만 고객의 심리와 다른 것은?

① 감성적이다. ② 비이성적이다.
③ 요구 조건이 많다. ④ 적극적이다.

Tip

1. 가발은 여러 방향으로 빗질하지 않음

2. 세척 시기가 짧을 시 수명도 줄어들게 됨

4. 가발 손질 시 가발 거치대를 활용하여 가발의 변형을 막아줌

5. 고객에게 강제 구매를 요구하거나 부담을 주는 것은 올바른 상담 기법이 될 수 없음

6. 고객을 나무라거나 고객이 불쾌함을 느끼게 해서는 안 됨

7. 용기에 ㅍ미지근한 물을 붓고 샴푸를 잘 풀어 가발을 좌우로 흔들어 세정함

8. 샴푸의 목적: 이물질 노폐물 제거, 혈행 촉진, 컨디션 조절

9. 가발을 비벼가며 세정하는 것은 옳지 않은 방법임

13. 상담 시간을 시간에 쫓기게 하는 것은 바람직하지 못하다.

18. 최적을 온라인 서비스 제공, 고객의 의견 반영

MEMO

1. ① 2. ④ 3. ② 4. ① 5. ② 6. ③ 7. ② 8. ③ 9. ② 10. ④

11. ① 12. ① 13. ③ 14. ④ 15. ② 16. ③ 17. ② 18. ③ 19. ④

협회 소개

사단법인 대한가발협회 Korea Of Wig Association는 지식경제부에서 사단법인 허가를 받은 단체로서 국내·외 기술교류를 통해 체계화된 교육커리큘럼을 정립하여 전문 인력을 양성하고 국내 산업에 인력지원 및 해외시장 진출에 기회를 제공하는 가발관리전문가 양성 인력지원기관입니다.

'가발전문가' 자격증을 발급할 수 있는 민간자격관리 기관으로서 자격검정제도를 통하여 대학, 교육기관과의 연동으로 직업능력을 공식적으로 증명할 수 있는 객관적인 평가척도를 제공하는 한편 자격증 효력을 증대하여 가발전문가의 권익을 보호하고 있습니다.

제품과 기술에 대한 과학적인 인증시스템을 도입하여 가발업체와 소비자 간의 신뢰를 형성하고 부적절한 가발관리에 따른 부작용으로부터 국민의 두피를 보호하며 국내·외간 협력 제휴를 통해 신기술을 연구·개발하고 신제품 개발 및 유통을 지원하여 가발관리 분야의 발전에 적극 지원하고 있습니다.

사단법인 대한가발협회는 가발경진대회 전시회 패션쇼 등 학계, 산업체, 언론, 전 국민을 하나로 어우르는 문화의 장을 개발하며 나아가 세계 최고 수준의 한국 미용기술과 가발 산업을 접목하여 가발 산업의 국가경쟁력을 확보하고 국가 간의 정보교류를 통한 해외시장 진출과 침체된 국내 이용시장에 새로운 가발을 활용한 수익 모델을 제공하는 등 가발 시장의 질적 성장과 안정을 이루는 가발 산업을 대표하는 공익적인 단체로 자리매김하겠습니다.

Korea Wig Association

대표연혁	2008. 01. 15. 협회 사무국 설립 2009. 10. 15. 패션헤어기능경기대회 주최- 장관상 시상 2011. 06. 18. 사단법인 설립허가(지식경제부) 2011. 12. 30. 한국직업능력개발원 민간자격검정 등록승인 발행 2012. 04. 15. 중소기업청 소상공인 진흥원 우수창업학교 지정 2012. 07. 23. 중국지부 설립 2013. 03. 04. 패션헤어(모발)과학 연구소 설립 2014. 03. 12. KOWA 행복나눔 봉사단 발대식 2017. 08. 10. 베트남지부 설립 2018. 12. 03. 제2회 패션헤어&뷰티디자인 공모전- 장관상 시상 2019. 11. 29. 3D 스캐너 사업설명회(국가기술표준원 지원) 2020. 12. 20. 3D 플랫폼 시스템 전국상용화 보급(휴먼 빅데이터 시스템)
대표사업	창업, 취업 지원 컨설팅 사업 패션헤어창업 교육사업 국내·외 시장 리서치 자격검정 사업 기능경기대회, 해외연수, 세미나 품질평가, 인증사업
주소	서울시 송파구 백제고분로 263 서우빌딩 5층 02-6396-3388 www.kowa.kr

Network of System

전국 100여 개의 핵심 분야에서 각 부처단체와 교육기관,
산업체들과 협력관계를 확보하고 있습니다.

국회 지속가능경제연구회 정책세미나
국내 가발산업 발전방안 마련 토론회

2011 대한민국 뷰티디자인엑스포
대 상
Institute of Hair-Prosthetists & Trichologists
국제 두피 가발 전문가 연합

패션가발 모봄
MOBOM wig
해운대센텀점

Beaudex
BEAUTY DESIGN EXPO 2011
"기능대회 조직위원회"
iHT

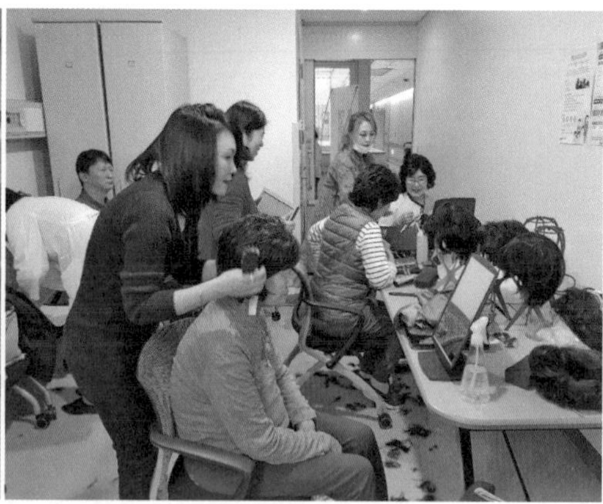

사단법인 대한가발협회

Man's & Woman's Fashion-Hair

아래 QR코드를 각각 스캔해 보시면 유익하고
흥미로운 고급 정보들을 쉽게 확인할 수 있습니다.

협회 전국지부

부산/ 울산/ 경남지부

경남 양산시 유산공단 5길 13 13-1

심민보 055-388-8085

대구/ 경북지부

경북 경주시 동천동 897-2 유명학원 3층

김동주 054-774-1690

대전/ 충남/ 충북지부

충북 청주시 흥덕구 2 순환로 1167번길 4 호인리더스B/D 302호

신혜원 043-232-8875

이외 권역별 지부, 지회, 인증교육원 추가 모집

문의 02-6396-3388

Reference

부천대학교 섬유패션비즈니스과

KOTITI Testing & Research Institute

UNO&COMPANY Ltd.

ML Ltd.

CUTE HAIR Ltd.

ZION chemistry Ltd.

한국가체연구소

패션헤어마스터 레벨 Ⅱ

FASHION HAIR MASTER LEVEL Ⅱ

저　　자　이현준 · 김영혜 · 신은정 · 신혜원

발 행 일　2021년 02월 01일

발 행 처　사단법인 대한가발협회 출판부

발 행 인　이현준

I S B N　979-11-955004-1-3

주　　소　서울특별시 송파구 백제고분로 263 서우빌딩 5층

전　　화　02-6396-3388

팩　　스　0303-0396-3388